Axure RP9

网站与App
原型设计实战

案例教程

王鹏 编著

人民邮电出版社

北 京

图书在版编目（ＣＩＰ）数据

Axure RP 9网站与App原型设计实战案例教程 / 王鹏
编著. -- 北京 : 人民邮电出版社, 2021.1
ISBN 978-7-115-52391-4

Ⅰ. ①A… Ⅱ. ①王… Ⅲ. ①网页制作工具－教材
Ⅳ. ①TP393.092.2

中国版本图书馆CIP数据核字(2019)第249665号

内 容 提 要

本书详细介绍了 Axure RP 9 的操作基础与原型设计方法，全面梳理了产品原型设计的流程与规范。全书共 6 章，主要内容包括从 0 认识 Axure RP 9，Axure 的交互与函数、原型框架布局、移动端效果的制作、交互效果的制作、综合实战案例。所有案例均以视频的形式展示案例的动态效果与操作步骤，读者扫码即可观看。

本书可作为普通高等学校工业设计、产品设计、艺术设计专业相关课程的教材，还可作为产品经理入门的指导书。

◆ 编　著　王　鹏
责任编辑　许金霞
责任印制　周昇亮

◆ 人民邮电出版社出版发行　　北京市丰台区成寿寺路 11 号
邮编　100164　　电子邮件　315@ptpress.com.cn
网址　https://www.ptpress.com.cn
北京七彩京通数码快印有限公司印刷

◆ 开本：787×1092　1/16
印张：13.5　　　　　2021 年 1 月第 1 版
字数：294 千字　　　2025 年 1 月北京第 8 次印刷

定价：79.80 元

读者服务热线：(010)81055256　印装质量热线：(010)81055316
反盗版热线：(010)81055315
广告经营许可证：京东市监广登字 20170147 号

前　言

◎ 为什么要学习原型？

在互联网大潮中，产品经理（Product Manager）已经成为最热门的职业。众多应届毕业生希望从事产品经理岗位的工作，很多其他岗位的人，也希望转岗做一名产品经理。一名合格的产品经理，要开展市场调查，根据用户的需求确定开发何种产品，选择何种技术、商业模式等，并推动相应产品的开发。产品经理还要根据产品的生命周期，协调研发、营销、运营等人员，确定和组织实施相应的产品策略，以及开展其他一系列产品管理相关的活动。

互联网早已进入下半场的角逐。市场对于产品经理的要求越来越高，不仅仅要考查其各项基础技能，还要求其具备更加行业化、专业化的能力。

在项目开展的过程中，产品经理需要把自己的想法表达出来，传递给视觉设计师、交互设计师、研发工程师，需要把产品设计思路、产品运行逻辑、业务流程传达给项目组成员。那么，通过何种方式清晰地表达自己的想法就成了难题。

原型图的出现则非常高效地解决了这个问题，大家发现可以通过原型表达自己的想法和产品的样子，然后传递给项目组成员。最初的原型只是通过纸和笔进行简单的描绘，产品经理把想要的东西画出来，然后将纸张传递下去，这种方式在现在看来是如此麻烦。在项目进行的过程中，会经常出现修改、添加的情况，使用纸和笔的方式就会变得更加低效。后来涌现出了诸多原型设计软件供产品经理使用，极大地提高了设计和生产的效率。

原型设计也是一门学问，因为产品经理属于项目开发过程中的源头，原型设计的好坏直接关系着产品的最终形态，也影响着产品研发的效率。画出整洁、规范、清晰的原型也成了优秀产品经理的标配。

本书将结合产品经理真实的工作场景来梳理原型设计的规范，使读者能够把学习到的知识应用到工作中，不仅可以画出规范的产品原型，还能布局出规范的产品框架，极大地提高工作效率。

◎ 产品原型应该画到什么程度？

刚入行的产品经理在工作过程中经常会遇到各种问题：

（1）原型画得太零散，没有逻辑性，开发人员难以理解，增加了沟通成本。

（2）原型画得不规范，导致开发效果未达到预期，重复开发。

（3）原型属于元件堆叠，修改时，维护成本大，并且难以找到要修改的地方。

这些问题作为刚入行的产品经理都会遇到，并且很多问题在工作几年后依然存在，但是我们要解决问题才能有所提升。那就需要借助于原型规范了，无论是 App、小程序、PC 端都有着自己的设计规范，包括产品尺寸、元件颜色、字体大小、页面布局等。

产品原型本身是以表达产品形态为目的，在绝大多数场景中，我们只要求完成规范的低保真原型。只有在少数场景中，企业需要把原型对接给客户时，才需要高保真原型。但无论哪种程度的原型设计，都离不开要表达清楚产品流程与页面形态。

◎ 画出规范的原型对产品经理的工作有哪些帮助？

优秀的产品原型不仅仅是页面画得美观、规范，颜色布局合理，交互顺畅，而且要清晰地表达产品的设计思想，让研发人员可以看懂这个产品是做什么的，提供了哪些服务，低成本地理解一个功能的业务流程是如何形成闭环的，提高整个项目组的工作效率，减少重复、返工、修改、沟通成本。

本书不仅讲解了 Axure 的基础操作，还从产品经理的角度介绍如何布局规范的原型，如何利用 Axure 来提高自己的设计水平，如何验证产品流程是否符合需求，如何设计高保真的原型等内容。希望本书能够带给读者一份专业的工具类讲解，并帮助读者将 Axure 工具充分地融入实际工作中，最大化地发挥其价值。

编者

2020 年 8 月

目　录

第 1 章　从 0 认识 Axure RP 9

第 2 章　Axure 的交互与函数

第 3 章 原型框架布局

第 4 章　移动端常见效果的制作

第 5 章　交互效果的制作

第 6 章　综合实战案例解析

Chapter

01

第 1 章
从 0 认识 Axure RP 9

1.1　原型设计入门

1.1.1　原型的定义

在产品经理的日常工作中，原型设计是必不可少的工作之一。原型设计可以用于产品设计方案，也是用于开发、测试中项目组成员工作交付的重要文件。

原型是用线条、图形描绘出的产品框架，也称线框图，是产品功能与内容的展示页。原型设计可以概括的说是整个产品面市之前的框架设计，是页面级别的信息架构、文案设计、页面之间的产品流程设计。阅读者可通过原型快速了解产品经理的设计思路，了解产品经理最终想把产品表现成什么样子，实现了哪些功能。

如图 1-1 所示，最简单的原型是通过图表、文字、布局来展示产品经理希望表达的产品形态。

图 1-1

1.1.2　原型的重要性

1. 抽象转具象

原型设计在整个产品方案输出流程中处于最重要的位置，起着承上启下的作用。原型设计之前的需求或功能信息都是相对抽象的。原型设计的过程就是将抽象信息转化为具象信息的过程。完成产品原型之后，产品需求文档即对原型设计中的版块、界面、元素及它们之间的逻辑关系进行描述和说明。

2. 避免疏漏

原型最大的好处在于它可以有效地避免重要元素被忽略，也能够预防设计人员做出不准确、不合理的假设。

3. 多维度优化设计

一个可用、可交互的原型可以帮助开发和设计人员从不同的维度上规划和设计产品，是帮助网站与 App 设计最终完成标准化和系统化的最好手段。

1.1.3　原型的特征

原型应该尽可能模拟最终产品，尽量在体验上与最终产品保持一致。但是，原型背后的逻辑不要依赖原型的交互形式，以减少制作原型的成本，加快开发速度。

产品经理在使用 Axure 设计原型时，要选择适合自己工作需要的原型保真程度。

1.1.4　原型保真程度

原型保真程度是设计的原型对最终上线的产品的仿真程度。按保真程度，原型可分为低保真原型、高保真原型。下面我们分别介绍一下它们的优缺点。

1. 低保真原型

低保真原型是对产品进行简单的模拟，大多使用黑、白、灰三种颜色，简单地表达产品的页面形态和功能架构，页面之间的关联使用连接线表示，以清楚地表达产品设计思路。

（1）低保真原型的优点

① 快速产出：实现成本较低，可以快速产出页面形态，表达清楚产品设计思路。

② 快速迭代：在开发过程中，遇到问题需要修改原型时，可快速修改，修改成本低。

（2）低保真原型的缺点

① 交互细节表达不清楚，只能依赖于文字或文档。

② 产品流程依赖于线框图，容易造成误解，复杂的页面流程无法清晰表达页面之间的关系。

如图 1-2 所示，以黑、白、灰三种颜色进行色彩设计，应用简单的线框图与默认样式表达产品形态，并且使用连接线表达了页面之间的逻辑关系，这种原型称为低保真原型。

图 1-2

2. 高保真原型

高保真原型是还原程度比较高的原型设计，布局更加合理，应用简单的色彩搭配、图片、图标来表达产品设计思路，按钮具有鼠标悬浮、按下、选中效果，转场动画还原度更高，如图 1-3 所示。

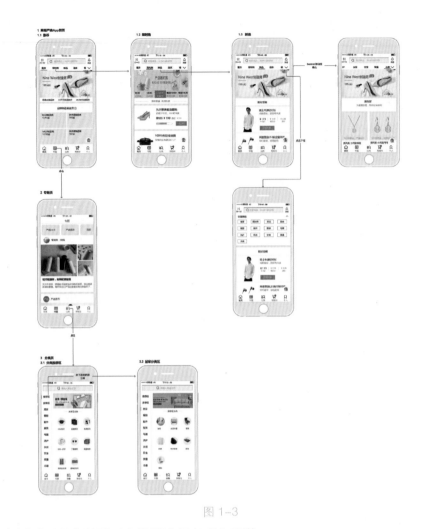

图 1-3

高保真原型可以在以下五个维度进行考虑和评估。

（1）完整性

① 角色权限：同一个系统或者同一个任务，不同的用户进入界面可能都会不一样，流程可能也会不一样，进行原型制作时一定要考虑，系统中会不会出现这种情况，如何合理地安排布局？

② 任务的流程：在进行原型设计考虑流程时，通常会趋于理想化的流程，原型设计很顺利，但做出来的系统在上线以后会出现各种各样的问题。例如：当前公司的考勤系统，正常每日一填，正常写周报就没有问题，但是偶尔出现要补填之前的考勤和周报的时候，就会出现各种问题。我们要考虑系统中不同的流程线和各种场景，进行多方面的分析和展现。

③ 异常事件：每个系统在运行时都可能会出现异常情况，我们在进行原型设计时，就要为后续上线避免很多问题；例如：设计支付的系统，会不会出现断网等其他异常情况；在利用 OCR 读取图片的文字进行回填时，回填准确度的考虑，就好像需要回填一个电话号码，但是文档中出现了两个或者三个电话号码，此时回填只有一个文本框，则必然会出现异常情况，就可以考虑，将电话号码同时读取到可以单击的复选框中，让用户进行勾选填写。

（2）准确性

① 真实内容：各种内容数据尽量保持真实性。例如：一个系统中下拉列表中的选项有自然人和法人，如果只考虑到法人的情况，那么当用户是自然人时，可能整个布局和界面都是不合理的。

② 真实的数据量：在制作原型时，我们需要考虑到系统中数据量极多或者极少的情况下，会不会出现显示异常的问题。例如：在存在柱状图的情况下，会不会一类数据有几十万，另一类数据只有几条，导致界面的图形对比性极差，这个时候也许可以用数学上的方程来解决；手机页面显示几千条记录，下滑翻看，这样真的会很可怕，可以通过实际情况筛选最新的数据记录显示。

③ 文案描述：一定要注意同一个原型中的模块、按钮等命名一定要保持一致。

④ 功能数据对应：有一些功能只有在出现某种特殊的数据时才会触发的，所以建议在做原型时，最好有真实的数据，或者充分考虑到数据存在的非法性可能会对系统产生影响。

（3）操作性

① 跳转切换。

② 增删改查。

③ 个性功能。

④ 控件模拟。

（4）易用性

① 体验目标：例如办案 App 中的报警功能。为了方便报警，可以在手机上以画圈的方式进行报警，而且这个功能可以进行开放和关闭。

② 导航布局：一般会有自己的特点。

③ 控件组件：选合适的组件。

④ 统一。

（5）美观性

① 界面布局。

② 基础排版：大小，留白，对齐，间距。

③ 图文样式：配色，图标，字体样式。

④ 动态样式：鼠标滑过，单击，选中，高光。

根据不同的要求，设计人员需要选择最适合自己工作要求的原型保真程度。

1.2　Axure 基础设置

本节主要介绍 Axure RP 9.0 的基础操作：第一次接触 Axure 时需要做哪些准备工作，如何安装、汉化、授权，操作软件时不同的操作区域可起到什么作用，以及如何设计原型。

产品经理在完成原型设计之后，需要将原型输出为可视化的内容交付给开发、测试或其他人员阅读。这时，就需要生成 .html 格式的文件，以便通过浏览器打开原型，供使用者阅读。如何生成原型，生成原型时有哪些选项，交互效果会使生成的原型产生哪些变化，这些也会在本节中进行讲解。

1.2.1　Axure RP 基本介绍

　　Axure RP 是一种专业的快速原型设计工具，是美国 Axure Software Solution 公司的旗舰产品，RP 是 Rapid Prototyping（快速原型）的缩写。

　　Axure RP 已经被广大公司认可，成为最普及的原型设计工具。Axure RP 的使用者主要是商业分析师、信息架构师、可用性专家、产品经理、IT 咨询师、用户体验设计师、交互设计师和界面设计师等。另外，程序架构师、程序开发工程师在工作中也常常使用 Axure RP。

　　Axure RP 当前最新的版本为 Axure RP 9，与 Axure RP 8 相比，软件的成熟度更高，并且交互设计的效果更好。

1.2.2　Axure RP 9 下载、安装、汉化

1. Axure RP 9 的下载

　　在浏览器中，输入网址"https://www.Axure.com"，单击图 1-4 所示的"DOWNLOAD FREE"按钮，进入下载页面。

图 1-4

　　在"DOWNLOAD"页面中，选择"MAC"或"PC"版本进行下载，如图 1-5 所示。

图 1-5

2. Axure RP 9 的安装

双击 Axure RP 9 安装的可执行性文件，按照提示安装即可，如图 1-6 和图 1-7 所示。安装完成后，即可打开 Axure RP 9。

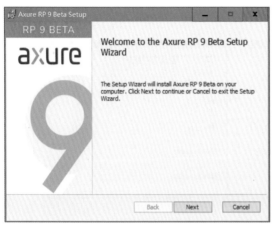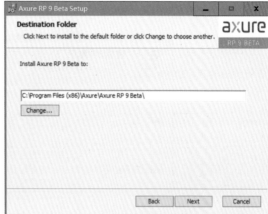

图 1-6　　　　　　　　　　　　　　　　　　图 1-7

3. Axure RP 9 的汉化

完成 Axure RP 9 安装后，在 Windows 操作系统中将解压缩的 "lang" 文件夹复制到 Axure 的根目录下，即可完成汉化，如图 1-8 所示。

图 1-8

在 OS 操作系统中，打开 Axure 的包内容，将 "lang" 文件夹复制到软件安装根目录 ">Contents>Resources" 中，即可完成汉化，如图 1-9 所示。

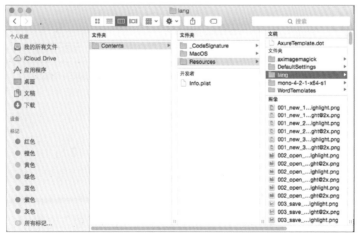

图 1-9

1.2.3　Axure RP 9 注册、登录、授权

1.　Axure RP 9 的注册和登录

单击 Axure RP 9 界面上方的"登录"按钮，可以进行注册和登录，如图 1–10 所示。注册后，即可拥有自己的账号并发布原型。

图 1–10

2.　Axure RP 9 的授权

授权的作用是在计算机本地可以使用 Axure 软件。单击【帮助】–【管理授权】选项，在弹出的【管理授权】窗口中输入授权人的账号和密码，单击"提交"按钮即可，如图 1–11 所示。

授权人的账号与密码可以在官网上购买，学生可以免费申请。

图 1–11

1.2.4　第一次接触 Axure RP 9

双击 Axure RP 9 图标，打开 Axure RP 9 操作页面，如图 1–12 所示。

（1）导航栏：可对 Axure RP 9 软件进行基础设置，从文件、编辑、视图、项目、布局、发布、账户、帮助等选项卡中的属性进行设置。

（2）工具栏：可对页面中的元件设置其基本属性，包括位置、大小、字体、填充、层级、隐藏等；快捷操作栏中的内容可以在【视图】–【工具栏】–【自定义基本工具列表】中进行设置。

（3）页面框架区：显示当前原型的页面框架，可以添加不同的页面与文件夹；页面与概要使用标签的形式进行切换。概要主要显示当前页面所有元件的列表，可以快速筛选目标元件，概要中的元件默认按照元件层级排序。

（4）元件区：可以快速载入元件，调用已有元件；元件与母版使用标签的形式进行切换。

（5）母版区：可将多页面复用的元件组合起来制作成母版，供页面调用。

（6）当前页面区：编辑当前页面内容，可以添加元件，对元件作调整和设计交互效果。

（7）检视区：当前鼠标焦点选中的区域，检视区可以对当前选中元件、页面的"样式""交互""说明"进行编辑和调整。

图 1-12

1. 导航栏

导航栏中各选项卡的功能如下。

（1）"文件"选项卡如图 1-13 所示，主要命令功能如下。

① 新建：新建 Axure 文件。

② 新建元件库：新建 Axure 元件库，元件库文件以 ".rplib" 为后缀名。

③ 打开 …：打开 Axure 文件。

④ 打开最近编辑的文件：选择并打开最近使用过的 Axure 文件。

⑤ 保存：执行保存功能。

⑥ 另存为 …：将当前文件另存为另一文件。

⑦ 从 RP 文件导入 …：将其他的 Axure 文件导入当前文件。

⑧ 纸张尺寸与设置 …：设置当前的纸张和尺寸。

⑨ 打印 …：打印当前 Axure 所展示的所有内容。

⑩ 打印 ×××…：打印当前页面展示的内容。

⑪ 导出 ××× 为图片 …：导出当前页面，格式为图片。

⑫ 导出所有页面为图片 …：导出所有页面，格式为图片。

⑬ 自动备份设置 …：设置自动保存时间。

⑭ 从备份中恢复 …：选择之前备份的文件。

⑮ Preferences（偏好设置）：设置常规、画布、网格、辅助线、元件对齐、母版。

⑯ 退出：关闭 Axure。

（2）"编辑"选项卡如图 1-14 所示，主要命令功能如下。

① 撤销：撤销前一步操作。

② 重做：取消前一步撤销操作。

③ 剪切：剪切某部分内容。

④ 复制：复制某部分内容。

⑤ 粘贴：粘贴之前复制或剪切的内容。

⑥ 查找：快速查找内容。

⑦ 替换：替换内容。

⑧ 全选：全选当前页面中的内容。

⑨ 删除：删除所选内容。

图 1-13　　　　　　　　　　　图 1-14

（3）"视图"选项卡如图 1-15 所示，主要命令功能如下。

① 工具栏：调整工具栏操作区域的内容。

② 功能区：调整各功能区的内容与显示。

③ 重置视图：重置整个页面视图，恢复至默认状态。

④ 标尺·网格·辅助线：设置标尺、网格、辅助线功能的具体功能。

⑤ 遮罩：调整遮罩对象。

⑥ 显示脚注：勾选则显示脚注。

⑦ 显示位置尺寸提示：勾选则显示尺寸位置。

⑧ 显示背景：勾选则显示背景。

（4）"项目"选项卡如图 1-16 所示，主要命令功能如下。

① 元件样式编辑 ...：可以编辑多套元件样式。

② 页面样式编辑 ...：可以编辑多套页面样式。

③ 说明字段设置 ...：设置元件说明的字段类型。

④ 全局变量设置 ...：设置当前文件的全局变量。

⑤ 自适应视图 ...：设置当前文件的自适应视图效果。

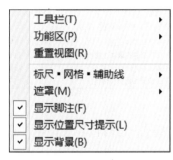

图 1-15　　　　　　　　　　　　　　图 1-16

（5）"布局"选项卡如图 1-17 所示，主要命令功能如下。

① 组合：对某些组件进行组合。

② 取消组合：将已经组合的组件取消组合。

③ 置于顶层：将组件置于顶层。

④ 置于底层：将组件置于底层。

⑤ 上移一层：将组件向上移动一层。

⑥ 下移一层：将组件向下移动一层。

⑦ 对齐：设置选中内容的对齐方式。

⑧ 分布：设置选中内容的分布方式。

⑨ 锁定：将选中内容锁定。

⑩ 转换为母版：将选中内容转换为母版。

⑪ 转换为动态面板：将选中内容转换为动态面板。

⑫ 重置全部连接线：重置所有的连接线。

⑬ 管理母版引发的事件：管理母版内容的交互触发事件。

（6）"发布"选项卡，用于对当前文件的发布内容进行设置，如图 1-18 所示。

① 预览：直接使用浏览器预览源文件的效果。

② 预览选项 ...：设置直接预览时的打开设置。

③ 发布到 Axure Share：将当前原型的预览效果发布到 Axure Share。

④ 生成 HTML 文件 ...：生成 HTML 文件到本地计算机的路径中。

⑤ 在 HTML 文件中重新生成当前页面：在本地计算机的路径中重新生成 HTML 文件。

⑥ 生成 Word 说明书 …：在指定路径中生成不同格式的说明书。

⑦ 更多生成器和配置文件：显示更多的生成器和配置文件。

图 1-17   图 1-18

（7）"账户"选项卡，用于登录或退出当前账号、进行代理设置等，如图 1-19 所示。

（8）"帮助"选项卡，用于查看演示动画、在线培训教学等内容，查找在线帮助、进入 Axure 论坛、对软件进行管理授权、检查更新等，如图 1-20 所示。

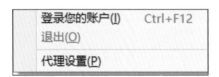

图 1-19   图 1-20

2. 工具栏

工具栏分为基本工具栏和样式工具栏，如图 1-21 和图 1-22 所示，功能如下。

图 1-21

（1）基本工具栏

① Cut：对元件进行剪切操作。

② Copy：对元件进行复制操作。

③ Paste：对元件进行粘贴操作。

④ 选择模式：相交选中会选中范围内接触的所有元件，包含选中只会选中范围内包含的

所有元件。

　　⑤ 连接：设置连接线，并连接元件。

　　⑥ 插入：可以快速插入绘画、矩形、圆形、线段、文本、形状。

　　⑦ 连接点：对元件的指定位置设置连接点，连接点主要用连接线进行连接。

　　⑧ 顶层：将组件置于顶层。

　　⑨ 底层：将组件置于底层。

　　⑩ 组合：使选中组件形成组合。

　　⑪ 取消组合：取消当前组合。

　　⑫ 展示比例：设置当前页面展示比例，以展示不同的内容和区域。

　　⑬ 左侧：使当前选中内容左对齐。

　　⑭ 居中：使当前选中内容水平居中对齐。

　　⑮ 右侧：使当前选中内容右对齐。

　　⑯ 顶部：使当前选中内容顶部对齐。

　　⑰ 中部：使当前选中内容垂直居中对齐。

　　⑱ 底部：使当前选中内容底部对齐。

　　⑲ 水平：使当前选中内容水平分布。

　　⑳ 垂直：使当前选中内容垂直分布。

　　㉑ 锁定：锁定当前选中内容。

　　㉒ 取消锁定：取消当前内容的锁定状态。

　　（2）样式工具栏

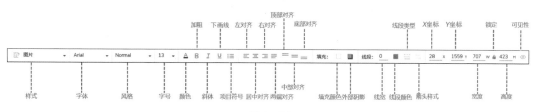

图 1-22

　　① 样式：选择样式。

　　② 字体：选择文字字体。

　　③ 风格：选择文字风格。

　　④ 字号：选择文字字体大小。

　　⑤ 颜色：设置文字颜色。

　　⑥ 加粗：设置文字加粗。

　　⑦ 斜体：设置文字斜体。

　　⑧ 下画线：设置文字加下画线。

　　⑨ 项目符号：设置文字增加项目符号。

⑩ 左对齐：设置文字向左对齐。

⑪ 居中对齐：设置文字居中对齐。

⑫ 右对齐：设置文字向右对齐。

⑬ 两端对齐：设置文字两端对齐。

⑭ 顶部对齐：设置文字顶部对齐。

⑮ 中部对齐：设置文字中部对齐。

⑯ 底部对齐：设置文字底部对齐。

⑰ 填充颜色：设置元件填充颜色。

⑱ 外部阴影：设置元件外部阴影。

⑲ 线宽：设置线段宽度。

⑳ 线段颜色：设置线段颜色。

㉑ 线段类型：设置线段类型。

㉒ 箭头样式：设置线段的箭头样式。

㉓ X 坐标：设置元件 X 坐标位置。

㉔ Y 坐标：设置元件 Y 坐标位置。

㉕ 宽度：设置元件宽度大小。

㉖ 锁定：设置宽度高度锁定纵横比。

㉗ 高度：设置元件高度大小。

㉘ 可见性：设置元件可见性。

3. 页面框架区

页面框架区用于显示当前正在编辑的页面，可以通过添加文件夹、搜索等操作进行页面管理。页面框架区采用树状结构来显示页面，以 Index 页为树的根节点，如图 1–23 所示。

选中某一页面，单击鼠标右键，弹出的快捷菜单如图 1–24 所示，单击相应选项即可对该页面进行添加、移动、删除、剪切、复制、粘贴、重命名、重复、生成图表和生成流程图等操作。

图 1–23

图 1–24

4．元件区

在元件区，我们可以快速调用元件，将元件拖动到工作区域，即可使用。使用元件可以让我们的工作效率更高。

可以将准备好的元件库放到指定位置，打开 Axure 时会默认加载我们需要使用的元件库，如图 1-25 所示。

（1）Windows 系统：【Axure 根目录】–【Default、Settings】–【Libraries】。

（2）OS 系统：【Axure 根目录】–【Contents】–【Resources】–【Default、Settings】–【Libraries】。

5．母版区

利用母版区，可以设计一些共用的、复用的区域，从而可以极大地提高工作效率。在母版区，我们可以进行新建母版、新建文件夹、搜索等操作，如图 1-26 所示。

图 1-25

图 1-26

6．当前页面区

将元件拖动到当前页面区，即可编辑元件，进行原型及原型效果设计，如图 1-27 所示。

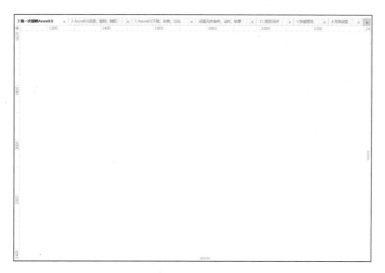

图 1-27

7. 检视区

检视区用于展示当前选择的组件相关信息，如当前选择的是"矩形"元件，如图 1–28 所示。

（1）样式：通过"样式"选项卡可设置位置尺寸、填充、边框、阴影、圆角半径、不透明、字体、行间距、项目符号、对齐和填充等，如图 1–28 所示。

（2）交互：通过"交互"选项卡可设置交互方式，Axure 中所有的交互效果和动作都是在此进行设置的，如图 1–29 所示。

（3）说明：通过"说明"选项卡可以编辑备注内容，如图 1–30 所示。

我们可以按照元件字段在说明中进行字段的设置。在预览页面的右侧侧边栏中可统一查看当前页面中所有的备注信息，从而极大地提高我们在项目运作过程中的工作效率和原型中的规范程度。

图 1–28

图 1–29

图 1–30

8. 概要区

概要区可显示当前页面中的所有元件，我们可以对元件进行筛选和查找等操作，如图 1–31 所示。

1.2.5 预览

1. 预览的操作方法

预览的操作方法如下。

方法 1： 按快速预览原型的快捷键 F5。

方法 2： 单击导航菜单中的【发布】-【预览】可执行预览操作，如图 1-32 所示。

方法 3： 单击快捷功能中的【预览】图标。

图 1-31

图 1-32

2. 预览选项

单击导航菜单中的【发布】-【预览选项 ...】可进行预览选项设置，如图 1-33 所示。

在"预览选项"窗口中，可以进行如下设置。

① 选择预览 HTML 的配置文件。

② 设置打开 HTML 的浏览器。

③ 设置播放器打开的方式。

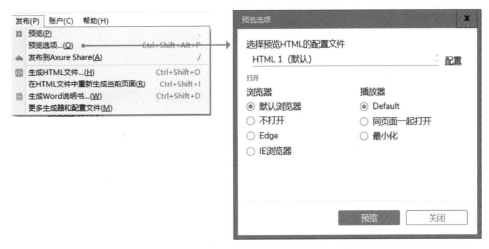

图 1-33

1.2.6 生成 HTML 文件

1. 生成 HTML 文件的方法

生成 HTML 文件的方法如下。

方法 1： 按快速生成原型文件的快捷键 F8。

方法 2： 单击导航菜单中的【发布】-【生成 HTML 文件 ...】可执行生成操作，如图 1-34 所示。

方法 3： 单击快捷功能中的【发布】图标。

2. 生成 HTML 文件

（1）发布项目

① 设置存放的文件夹路径。

② 设置是否使用浏览器打开文件。

③ 设置使用浏览器打开文件中的某一页面，如图 1-35 所示。

图 1-34   图 1-35

（2）页面设置

在"页面"标签卡中，可以设置生成页面的数量，默认勾选"生成全部页面"，如图 1-36 所示。

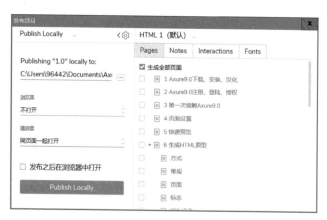

图 1-36

（3）说明设置

在"说明"标签中，可以对元件说明、页面说明进行设置，如图 1-37 所示。

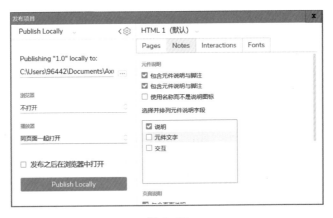

图 1-37

（4）交互设置

在"交互"标签中，可以设置情形动作、元件引用页面，主要用于预览时对交互效果的展示处理，如图 1-38 所示。

图 1-38

（5）字体设置

在"字体"标签中，可以添加 Web 字体，并且设置 Web 字体的"Link to .css"和"@ font-face"，如图 1-39 所示。

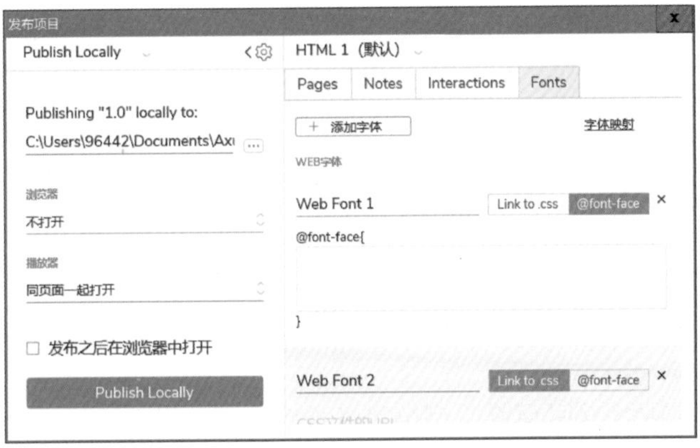

图 1-39

1.2.7 发布到 Axure Share

1. 发布到 Axure Share 的方法

发布原型到 Axure Share，可以快速将原型上传到 Axure 官方提供的服务器中，其他人可以通过网址进行访问，快速预览原型效果。

发布到 Axure Share 的操作方法如下。

方法1： 按快速发布到 Axure Share 的快捷键 F6。

方法2： 单击导航菜单中的【发布】–【发布到 Axure Share】可执行发布操作，如图 1–40 所示。

方法3： 单击快捷功能中的【共享】图标。

图 1–40

2. 发布设置

在发布设置界面中进行项目的配置，即可完成原型的发布，如图 1–41 所示，具体设置如下。

① 打开链接：选择需要生成的页面。

② 发布为新的链接：选择后，可以对项目名称、密码、文件夹进行设置。

③ 更新：选择后，可以对创建完成的项目进行替换和更新。

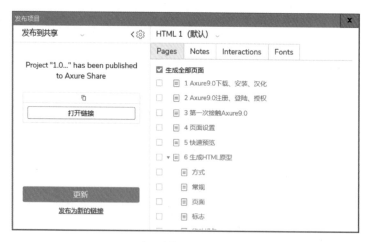

图 1–41

3. 发布完成

发布完成后，Axure 将返回预览原型链接，设计人员可以直接复制该链接，将其粘贴到浏览器中并打开原型链接，如图 1–42 所示。

图 1-42

1.2.8　自适应视图

在导航菜单中选择【项目】-【自适应视图…】，如图 1-43 所示，可进入【自适应视图设置】窗口。

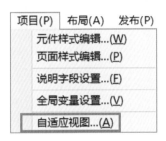

图 1-43

自适应视图是根据分辨率不同，设置原型不同尺寸的控件与布局。在设备中查看原型时，系统会根据当前设备的分辨率，将原型自动调整为与设备分辨率最适合的原型进行展示。

在【自适应视图设置】窗口中，可以设置不同的分辨率，如图 1-44 所示。

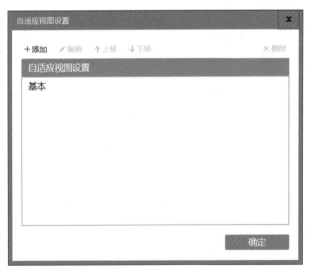

图 1-44

1.2.9　设置母版

在原型设计中，设计人员通常把需要多次复用的控件制作成母版，以供在设计中多次复用。如果需要做内容修改，直接修改母版中的内容即可。

如图 1-45 所示，在母版窗口中新建母版页面，在页面中可多次复用元件并设置交互效果。在 Axure 页面窗口中，可以直接将母版拖动到页面中，从而实现对母版的复用。

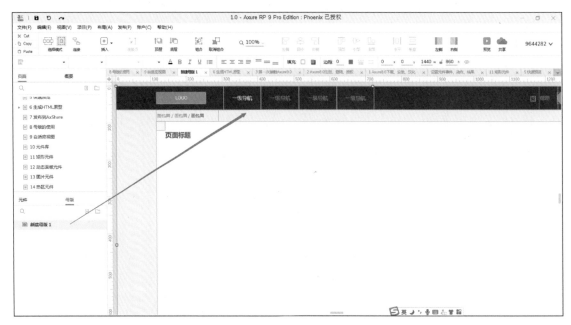

图 1-45

1.3 使用元件

在 Axure RP 原型设计过程中，无论复杂还是简单的原型效果，都是由各种元件组合而成的。组成的原型是什么样子取决于我们对不同元件的使用、对整个页面的配色和布局。

不同的元件有不同的交互触发动作，交互效果应体现该元件自身的特性，如动态面板的拖动、单选按钮的选中。在不同的操作场景下，使用哪种元件进行功能设计，使用哪种元件进行交互操作，也是我们学习的重点。

1.3.1 使用元件库

在元件库中单击"菜单"按钮，可以进行获取元件库、编辑元件库、磁盘中查找、移除元件库等操作，如图 1-46 所示。

在元件库的下拉列表中可以快速调用不同的元件库，如图 1-47 所示。

将下载好的元件库文件（以".rplib"为后缀名的文件）复制到软件安装根目录的 DefaultSettings 文件夹中的 Libraries 文件夹中。

1. 矩形元件

（1）设置矩形形状

矩形是我们在制作原型中最常用到的控件，如图 1-48 所示。

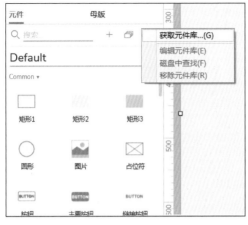

图 1-46

图 1-47

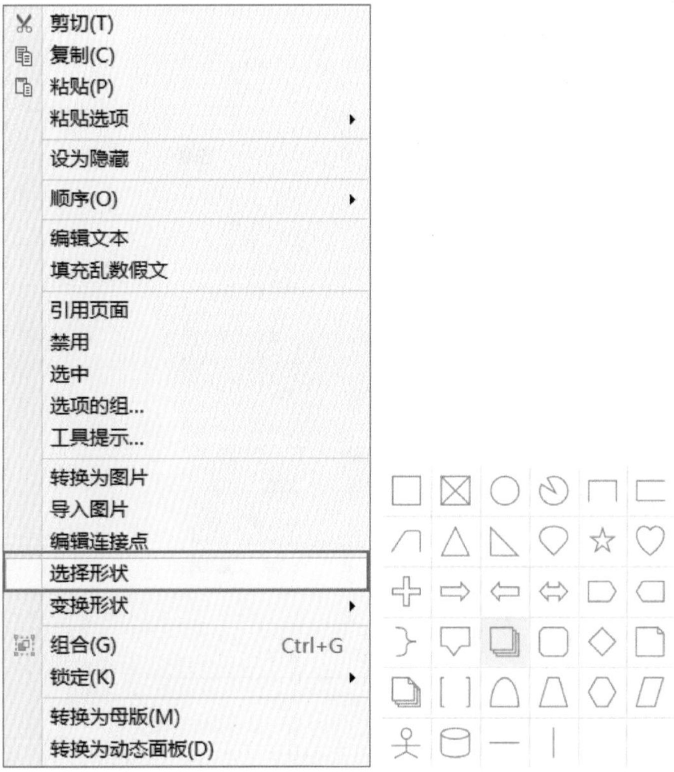

图 1-48

（2）设置矩形样式

在矩形的"样式"标签栏中可以对矩形的样式进行如下设置，如图 1-49 所示。

① 位置和尺寸：设置矩形的位置、大小、旋转、翻转。

② 元件样式：更改元件样式。

③ 不透明性：设置矩形的不透明度。

④ 排版：设置字体、样式、大小、颜色、线段、文字、文字阴影、水平对齐、垂直对齐。

⑤ 填充：设置矩形填充颜色、填充图片。

⑥ 边框：设置矩形边框颜色、宽度、可见性。

⑦ 阴影：设置矩形内部阴影、外部阴影的颜色、偏移、模糊度。

⑧ 圆角：设置矩形圆角半径、圆角位置。

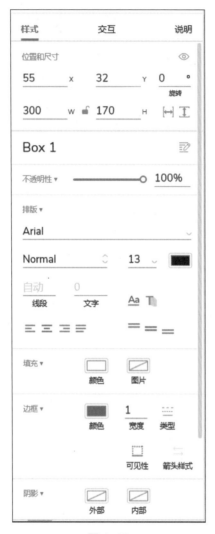

图 1-49

选中"矩形"元件，单击鼠标右键，在弹出的快捷菜单中对元件进行设置，如图 1-50 所示。

① 设为隐藏：默认设置为隐藏，即不可见。

② 顺序：调整矩形控件在页面中的层级。

③ 编辑文本：编辑矩形中的内容。

④ 填充乱数假文：自动填充内容。

⑤ 引用页面：引用其他页面。

⑥ 禁用：设置矩形为禁用状态。

⑦ 选中：设置矩形为选中状态。

⑧ 选项的组 ...：设置矩形为选项组，选项组中的多个矩形只能单选。

⑨ 工具提示…：设置提示信息。

⑩ 转换为图片：将矩形转换为图片。

⑪ 导入图片：将图片导入矩形。

⑫ 编辑连接点：编辑图片的连接点。

⑬ 选择形状：选择矩形的形状。

⑭ 变换形状：设置形状的样式。

⑮ 组合：设置为组合。

⑯ 锁定：锁定元件，不可修改。

⑰ 转换为母版：转换为母版，以供多次复用。

⑱ 转换为动态面板：将矩形转换为动态面板，并将矩形放置在动态面板的第一个状态中。

图 1–50

2. 使用动态面板

动态面板是多页面的集合，可以实现多页面之间效果的切换，如图 1–51 所示。

双击动态面板，默认显示动态面板的第一个状态，设计人员可以在左上角添加或选择页面状态。但是，同一时间只展示一个页面，这就赋予了动态面板非常丰富的交互效果，我们可以通过事件来切换动态面板的状态，设置切换状态时的转场动画效果。

图 1-51

单击鼠标右键，会弹出图 1-52 所示的快捷菜单，可以对动态面板进行设置。

① 自适应内容：勾选后，动态面板会按照其中状态页中的内容大小，自动调整尺寸。

② 滚动条：设置水平或垂直滚动条的显示或隐藏。

③ 固定到浏览器 ...：将动态面板固定到浏览器的具体位置。

④ 从首个状态脱离：将动态面板中首个状态的内容从动态面板中脱离出来。

图 1-52

3. 使用图片

图片元件如图 1-53 所示，添加图片元件有以下两种方法。

方法 1： 从元件库中拖动图片元件，再导入图片。

方法 2： 直接复制图片，在 Axure 页面中粘贴图片。

在"图片"元件上单击鼠标右键，弹出图 1–54 所示的快捷菜单。

① 导入图片：可以选择本地图片导入。

② 切割图片：选择图片区域进行分割。

③ 裁剪图片：选择图片区域进行裁剪。

4．使用热区

热区是在页面中的指定区域增加交互效果的辅助控件，本身没有任何显示效果，但是占用层级，具备交互效果的特性，如图 1–55 所示。

图 1–53　　　　　　　　　　图 1–54　　　　　　　　　　图 1–55

5．使用文本框

文本框元件可用于输入文本，如图 1–56 所示，相关设置如下。

① 交互：文本框元件常用的交互效果为文本改变时、获取焦点时、失去焦点时。

② 类型：可以设置文本框中填写内容的类型。

③ 提示文字：设置文本框中在默认状态下显示提示文字。当输入内容后提示文字隐藏，
    并且可以设置提示文字样式、隐藏提示触发的方法。

④ 最大长度：设置可输入最大长度阈值。

⑤ 隐藏边框：勾选后，无边框效果。

⑥ 只读：勾选后，不允许修改。

⑦ 禁用：勾选后，禁止使用。

在文本框类型中可以选择不同的文本类型来表现文本框的内容，如图 1-57 所示。

① 文本：输入文本内容。

② 密码：输入内容为密码格式，以隐藏内容的方式展示。

③ 邮箱：输入内容以邮箱格式展示。

④ Number：只允许输入数字内容。

⑤ 电话（非中国）：只允许输入电话号码。

⑥ URL：文本框定义为网址类型。

⑦ 搜索：应用文本框可以搜索内容。

⑧ 文件：上传文件，并以上传文件样式展示。

⑨ 日期：输入内容以日期方式展示。

⑩ 月份：输入内容以"年 – 月"的样式展示。

⑪ 时间：输入内容以"分 – 秒"的样式展示。

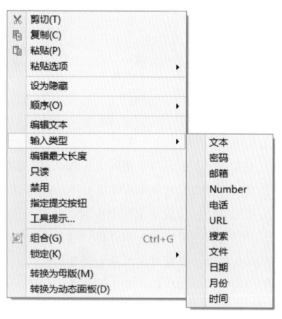

图 1-56   图 1-57

6. 使用多行文本框

多行文本框与文本框元件类似，可用于用户输入内容。

当输入内容较多时，多行文本框会展示滚动条，并且用户可以自行调节多行文本框的大小，如图 1-58 所示。

7. 使用列表框

在"列表框"元件上双击鼠标左键，弹出【编辑列表框】窗口，用户可以添加多个列表内容，勾选"允许选中多个选项"后，列表框选项内容变为多选，如图 1-59 所示。

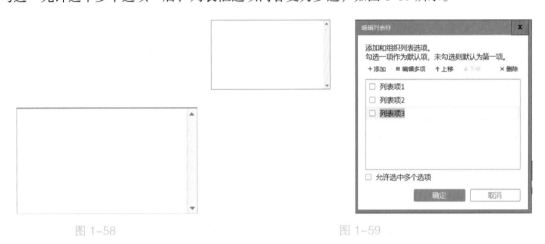

图 1-58　　　　　　　　　　　　　　　　图 1-59

8. 使用下拉列表框

在"下拉列表框"元件上双击鼠标左键，弹出【编辑下拉列表】对话框，用户可以快速添加下拉列表选项，如图 1-60 所示。

用户在预览原型时，可以直接通过下拉菜单的方式进行选择。

图 1-60

9. 使用内联框架

内联框架元件可以在框架中展示内部、外部的页面和视频等内容。在"内联框架"元件上双击鼠标左键，弹出【链接属性】对话框，如图 1-61 所示。

① 链接到当前项目的某个页面：选择当前文件中的其他页面。

② 链接到 URL 或文件：可以在内联框架中直接展示外部的网址、视频等 URL 内容，也可以展示原型文件夹中的视频、地图等文件。

图 1-61

在"内联框架"元件上单击鼠标右键，会弹出快捷菜单，如图 1-62 所示。

① 框架目标：弹出【链接属性】对话框。

② 切换边框：设置边框显示或者隐藏。

③ 滚动条：设置滚动条可见性。

④ 预览图片（仅限画布中显示）：设置内联框架默认展示的图片。

10. 使用单选

单选按钮常用于设置单项选择，可将不同的单选按钮组合成单选按钮组，如图 1-63 所示，同一单选按钮组中的单选按钮只能单选。

图 1-62   图 1-63

11. 使用复选框

复选框元件常用于设置多项选择，如图 1-64 所示。常用的复选框交互操作及功能如下。

① 选中改变时：元件的选中状态发生改变时。

② 选中时：复选框被勾选时。

③ 取消选中时：复选框取消勾选时。

④ 单击时：鼠标单击元件时。

⑤ 双击时：鼠标双击元件时。

⑥ 鼠标按下时：鼠标按下元件时。

⑦ 鼠标松开时：鼠标按下元件后，松开按下动作。

⑧ 鼠标移动时：鼠标移动操作时。

⑨ 鼠标移入时：鼠标移入控件时。

⑩ 鼠标移出时：鼠标移出控件时。

⑪ 按键按下时：有按键按下时。

⑫ 按键松开时：按键松开按下效果时。

⑬ 移动时：元件发生移动时。

⑭ 显示时：元件显示时。

⑮ 隐藏时：元件隐藏时。

⑯ 获取焦点时：复选框获取焦点时。

⑰ 失去焦点时：复选框失去焦点时。

⑱ 载入时：元件载入时。

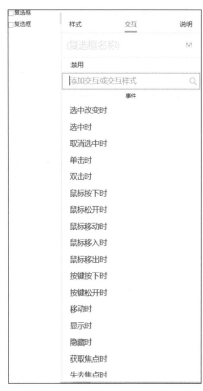

图 1-64

12. 使用线段

产品经理在梳理页面关系时，使用连接线连接，以表达页面和元件之间的连接关系。

选中"连接线"后，可以在"样式"标签栏下设置连接线的属性，如图 1-65 所示。

连接线有 4 种样式，分别为直角折线、圆角折线、直线、曲线，如图 1-66 所示。可以通过设置连接线的属性改变连接线的颜色、粗细。

直角折线　　　圆角折线　　　　直线　　　　　曲线

图 1-66

图 1-65

【案例分析】

矩形：页面边框、按钮。

标题文字：文本信息。

图片：icon、图片信息。

连接线：连接页面之间的流程关系。

如图 1-67 所示，使用各种元件进行产品原型设计。

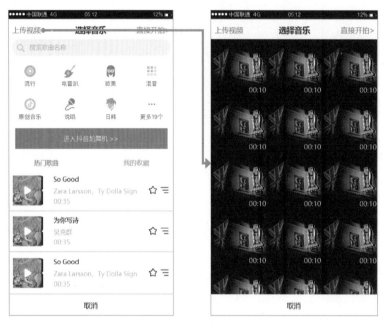

图 1-67

1.3.2 设置元件的隐藏

将元件设置为隐藏时，该元件在编辑区会显示为淡黄色；在生成原型时，该元件不可见。在编辑区域选择要隐藏的元件，并在快捷操作栏或元件样式中勾选【隐藏】选项，即可隐藏元件，如图 1-68 所示。取消勾选【隐藏】选项，元件即可见。

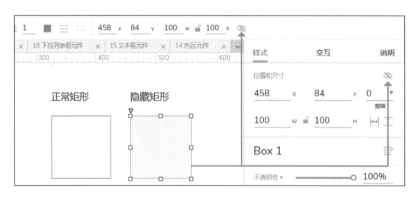

图 1-68

1.3.3　设置元件的层级

在 Axure 中可进行元件层级的设置，最新添加的元件默认在最顶层。如果同一区域有多个元件存在，只会展示最顶层元件。

如图 1-69 所示，3 个矩形有部分区域重合，但是层级各不相同，第一层的矩形会覆盖第二层的矩形，第二层的矩形会覆盖第三层的矩形。

元件的层级可以通过快捷操作栏或者右键菜单栏中的【顺序】选项进行调整。

图 1-69

实战练习

使用 Axure 工具制作一个简单的 App 界面，如图 1-70 所示，需要使用矩形、图片、文本框等元件来组成产品界面。

图 1-70

Chapter

02

第 2 章
Axure 的交互与函数

2.1　设置交互效果

使用 Axure 可以设计静态页面，同时还可以设计手机端、Web 端的交互效果。

在使用 Axure 进行产品设计时，简单的交互效果可以验证产品流程是否通顺、是否符合用户的操作习惯、体验是否良好，并且在项目沟通的过程中，利用交互效果可以更清楚地表达产品的功能，功能之间如何连接，页面之间如何转场等。

原型其实可以作为一个最小的可行性 demo。在开发之前，我们可以设计出带有简单交互效果并且能够清晰表达产品功能的原型 demo。应用原型 demo 可以进行可行性验证，及时发现问题，并进行快速迭代。

2.1.1　设置元件事件、动作、结果

在 Axure 中，为元件设置交互效果的操作步骤如下。

Setp1：选中一个元件或页面。

Setp2：在"交互"标签栏的交互中，单击"新建交互"按钮。

Setp3：为元件或页面操作添加交互样式。

Setp4：为元件添加动作。

Setp5：选择目标元件。

Step6：选择或设置具体的操作项。

【实例 2-1】交互效果为文字显示。

【实例效果】

原型效果为：单击名为"矩形"的矩形时，该矩形中的文字显示为"设置元件事件、动作、结果"，如图 2-1 所示。

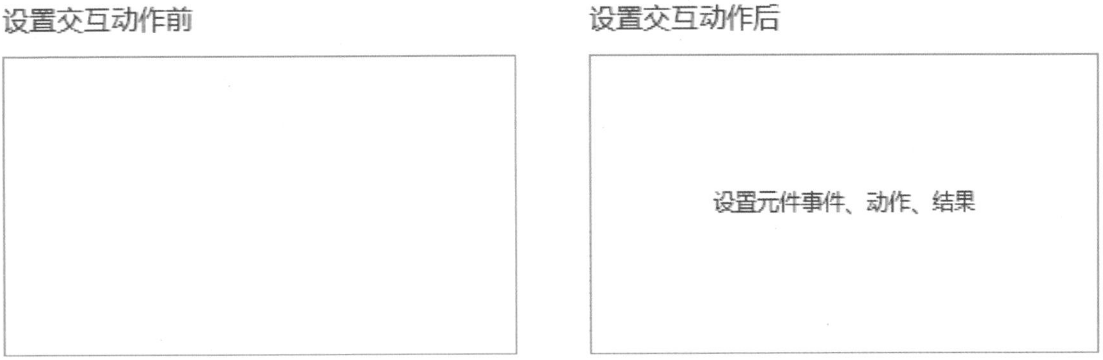

设置交互动作前

设置交互动作后

设置元件事件、动作、结果

图 2-1

【操作步骤】

为矩形设置交互效果，操作步骤如下。

Setp1：选中一个矩形。

Setp2：在【交互】标签中，单击"新建交互"按钮。

Setp3：选择"单击时"交互样式。

Setp4：选择"设置文本"动作。

Setp5：选择设置文本的目标元件是"当前元件"。

Step6：选择"文本"属性，设置值为"设置元件事件、动作、结果"。

2.1.2　设置等待事件

在"交互"标签中可以添加"等待"动作，并且可以设置等待时间。"等待"动作可以起到在动作与动作之间延时的作用。

实例步骤如下，如图 2-2 所示。

Setp1：单击页面空白处。

Setp2：在【交互】标签中，单击"新建交互"按钮。

Setp3：选择"页面载入时"交互样式。

Setp4：选择"等待"动作。

Setp5："等待"设置为"1000ms"。

Step6：单击"确定"按钮。

图 2-2

2.1.3　设置触发事件

在"交互"标签的添加动作中，选择"触发事件"动作，可以直接触发已经设置好的元件的交互事件。

实例步骤如下，如图 2-3 所示。

Setp1：单击选中"矩形 2"。

Setp2：在【交互】标签中，单击"新建交互"按钮。

Setp3：选择"单击时"交互样式。

Setp4：选择"触发事件"动作。

Setp5：目标选择"矩形 1"。

Step6：事件选择"单击时"。

Step7：单击"确定"按钮。

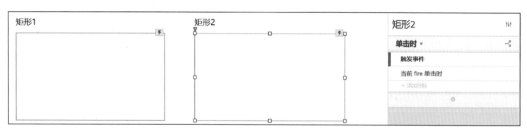

图 2-3

2.1.4　设置条件与结果

在"交互"标签中，单击【添加情形】按钮，弹出【条件创建】窗口，可以设置当前 Case 的触发条件，如图 2-4 所示。

如图 2-5 所示，在【条件创建】窗口中，如果是多条件情况，则需要设置逻辑条件：符合"全部"或"任何"条件。设置条件的流程为：判断"内容"→"目标"→"关系"→"目标的属性"→"目标的属性详情"。

图 2-4

设置好条件后，在 Case1 中展示条件。如果满足条件，则执行 Case1 中的交互事件，如图 2-6 所示。如果有多个 case 并且添加了条件判断，则按照顺序依次判断各 Case 中的条件。

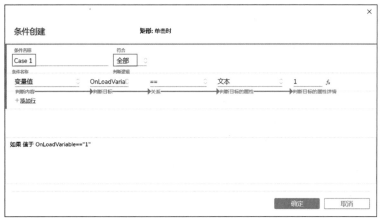

图 2-5

图 2-6

2.2　变量与函数

在 Axure 原型设计中，利用变量可以实时获取和元件相关的数值，如鼠标的指针坐标、窗口的大小都会用到局部变量。利用变量的取值操作，不仅可以更好地实现原型效果，还可以理解开发的实现原理。很多时候，原型效果的实现逻辑与开发逻辑是一致的。

函数在 Axure 中属于高阶应用，通常应用在鼠标指针函数、窗口函数、元件函数、数学函数中。在制作交互效果的过程中，函数可以让交互效果，仿真程度更高。函数需要很强的思维逻辑和数学功底，从事过开发工作的读者上手会非常容易。Axure 中用到的函数和很多开发语言中函数的使用方法一致，便于我们理解产品开发逻辑。

2.2.1　设置局部变量

局部变量在当前页面中充当一个赋值的载体。当执行一个动作或判断一个条件时，局部变量可辅助函数或公式的取值。

【实例 2-2】通过局部变量，计算总价（总价等于价格乘以数量）。

【操作步骤】

Step1：将三个文本框分别命名为"价格""数量""总价"，其中"价格""数量"文本框中可以输入数字，"总价"文本框中会得出"价格"乘以"数量"的值，所以在"价格"和"数量"文本框的【文本改变时】中添加交互动作，如图 2-7 所示。

图 2-7

Step2：如图 2-8 所示，当"价格"和"数量"文本框中的【文本改变时】，将目标"总价"设置为"文本"，选择"fx"弹出【编辑文本】窗口。

Step3：添加局部变量，"LVAR1"=【元件文字】"数量"，"LVAR2"=【元件文字】"价格"。

Step4：在【编辑文本】窗口的"插入变量或函数 ..."区域插入已经添加完成的局部变量，设置文本勾选"总价"矩形，设置文本的【值】为"[[LVAR1*LVAR2]]"。

Step5：预览原型。在"价格"和"数量"文本框中的文本改变时，"总价"的值为"价格"与"数量"的乘积。

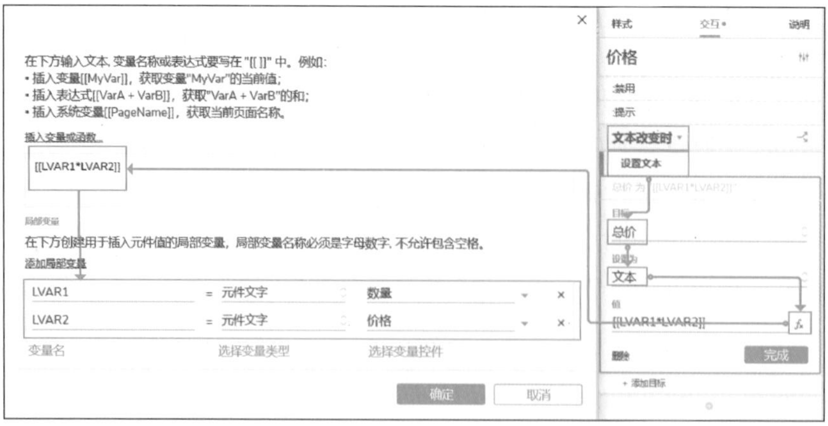

图 2-8

2.2.2　设置全局变量

全局变量用于在浏览器中预览原型时存储数据，在页面切换过程中，数据可以被有效地存储下来，供多个页面调用。

推荐使用 25 个或更少的全局变量。变量名必须是数字或字母，少于 25 个字符，并且不能包含空格。

单击菜单中的【项目】-【全局变量设置...】选项，弹出【全局变量】窗口，如图 2-9 所示，单击"添加"按钮创建新的全局变量，并设置默认值；选中需删除的全局变量，单击"删除"按钮，即可删除相应的全局变量；单击"上移""下移"按钮可调整全局变量的顺序。

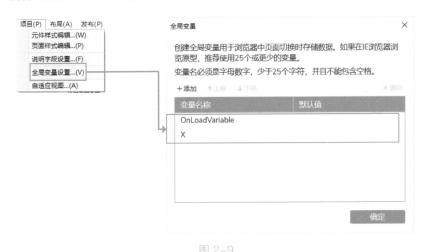

图 2-9

【实例 2-3】利用全局变量设置"页面载入时"的交互动作。

【实例效果】

设置"页面载入时"全局变量的值实现文本赋值，如图 2-10 所示。

图 2-10

【操作步骤】

Setp1：单击选中页面的空白处。

Setp2：在【交互】标签中单击"新建交互"按钮。

Setp3：选择"页面载入时"交互样式。

Setp4：选择"设置变量值"动作。

Setp5：目标选择"X"，也可以添加变量。

Step6：设置为"文本"。

Step7：设置值为"1"。

Step8：单击"完成"按钮。

2.2.3 中继器函数

中继器函数是对中继器中的数据进行操作的函数，如表 2-1 所示。

表 2-1　中继器函数

函数名称	函数注释	使用方法
Item	中继器的项	[[Item]]
Item.Column0	中继器的列名	[[Item.Column0]]
Index	中继器的索引	[[TargetItem.index]]
isFirst	中继器的项是否是第一个	[[TargetItem.isFirst]]
isLast	中继器的项是否是最后一个	[[TargetItem.isLast]]
isEven	中继器的项是否是偶数	[[TargetItem.isEven]]
isOdd	中继器的项是否是奇数	[[TargetItem.isOdd]]
isMarked	中继器的项是否被标记	[[TargetItem.isMarked]]
isVisible	中继器的项是否可见	[[TargetItem.isVisible]]
repeater	返回当前项的父中继器	[[TargetItem.repeater]]
visibleItemCount	当前页面中所有可见项的数量	[[TargetItem.Repeater.visibleItemCount]]
itemCount	当前中继器中的项的个数	[[TargetItem.Repeater.itemCount]]
dataCount	中继器中所有项的个数	[[TargetItem.Repeater.dataCount]]
pageCount	中继器总共的页面数	[[TargetItem.Repeater.pageCount]]
pageIndex	当前的页数	[[TargetItem.Repeater.pageIndex]]

2.2.4 元件函数

元件函数用于获取指定元件对象的信息与数据，如表 2-2 所示。

表 2-2　元件函数

函数名称	函数注释	使用方法
This	获取当前正在添加交互动作的元件	[[This. 函数]]
Target	获取当前交互动作控制的目标元件	[[Target. 函数]]
X	获取元件起始位置的 x 坐标值	[[元件对象 .X]]

函数名称	函数注释	使用方法
Y	获取元件起始位置的 *y* 坐标值	[[元件对象 .Y]]
width	获取元件的宽度值	[[元件对象 .width]]
height	获取元件的高度值	[[元件对象 .height]]
scrollX	获取元件的水平滚动距离	[[元件对象 .scrollX]]
scrollY	获取元件的垂直滚动距离	[[元件对象 .scrollY]]
text	获取元件中的元件文字	[[元件对象 .text]]
name	获取元件的名称（检视元件时自定义的名称）	[[元件对象 .name]]
top	获取元件的上边界坐标值	[[元件对象 .top]]
left	获取元件的左边界坐标值	[[元件对象 .left]]
right	获取元件的右边界坐标值	[[元件对象 .right]]
bottom	获取元件的下边界坐标值	[[元件对象 .bottom]]
opacity	获取元件的不透明比例值	[[元件对象 .opacity]]
rotation	获取元件对象的旋转角度值	[[元件对象 .rotation]]

【实例 2-4】元件函数的用法。

【实例目标】

展示矩形元件函数的各数值，如图 2-11 所示。

【操作步骤】

Step1：如图 2-12 所示，拖放一个矩形至页面中，矩形的自定义名称为 "test 矩形"，其中文字为 "矩形"。右侧使用元件函数展示相应的值，默认值都为 "123"。

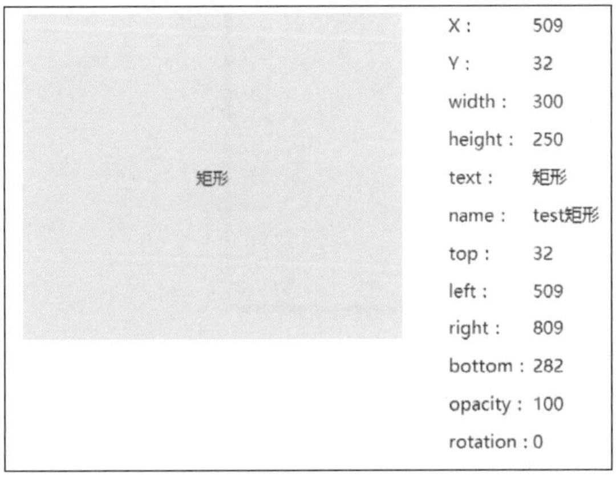

图 2-11	图 2-12

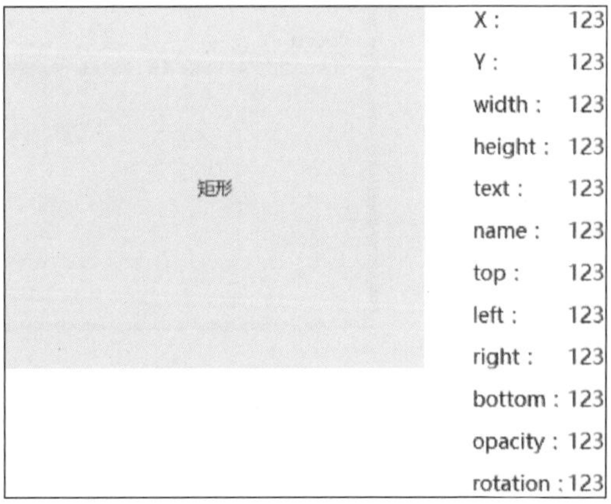

Step2：选中 "页面"，添加交互动作如下。

【页面载入时】Case1：

① 添加【设置文本】，如图 2-13 所示。

图 2-13

② 设置文字于 X="[[M.x]]"。　　　　　⑧ 设置文字于 top="[[M.top]]"。

③ 设置文字于 Y="[[M.y]]"。　　　　　⑨ 设置文字于 left="[[M.left]]"。

④ 设置文字于 width="[[M.width]]"。　⑩ 设置文字于 right="[[M.right]]"。

⑤ 设置文字于 height="[[M.height]]"。　⑪ 设置文字于 bottom="[[M.bottom]]"。

⑥ 设置文字于 text="[[M.text]]"。　　　⑫ 设置文字于 opacity="[[M.opacity]]"。

⑦ 设置文字于 name="[[M.name]]"。　⑬ 设置文字于 rotation="[[M.rotation]]"。

Step3： 设置元件数值时需要调用元件函数，可单击"fx"按钮进行设置，如图 2-14 所示。

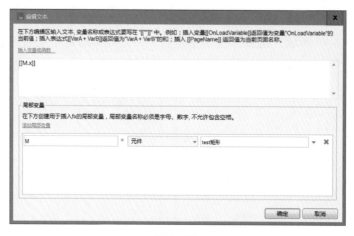

图 2-14

① 添加局部变量，自定义元件名称为"M"，选择名称为"test 矩形"的矩形元件。

② 插入变量或函数，格式为"[[元件名称 . 元件函数]]"，如"[[M.x]]"。

Step4： 在页面中预览原型效果，展示矩形元件各函数的数值。

2.2.5　窗口函数

窗口函数用于获取窗口在页面中的坐标位置、宽度、高度等参数，如表 2-3 所示。

表 2-3　窗户函数

函数名称	函数注释	使用方法
Window.width	获取窗口的宽度	[[Window.width]]
Window.height	获取窗口的高度	[[Window.height]]
Window.ScrollX	获取窗口横向滚动的当前坐标值	[[Window.ScrollX]]
Window.ScrollY	获取窗口纵向滚动的当前坐标值	[[Window.ScrollY]]

2.2.6　鼠标指针函数

鼠标指针函数用于获取当前鼠标位置，如表 2-4 所示。

表 2-4　鼠标指针函数

函数名称	函数注释	使用方法
Cursor.x	获取鼠标的 x 坐标	[[Cursor.x]]
Cursor.y	获取鼠标的 y 坐标	[[Cursor.y]]
DragX	获取被拖动控件的 x 位移	[[DragX]]
DragY	获取被拖动控件的 y 位移	[[DragY]]
TotalDragX	获取被拖动控件的 x 位移总和	[[TotalDragX]]
TotalDragY	获取被拖动控件的 y 位移总和	[[TotalDragY]]
DragTime	获取被拖动控件的时间	[[DragTime]]

2.2.7　Number 函数

Number 函数用于设置数值的位数、长度，如表 2-5 所示。

表 2-5　Number 函数

函数名称	函数注释	使用方法
toExponential(decimalPoints)	将数值转化为指数计数	[[value.toExponential(decimalPoints)]]，其中，decimalPoints 为保留小数的位数
toFixed(decimalPoints)	将数值转化为指定位数的小数	[[value.toFixed(decimalPoints)]]，其中，decimalPoints 为保留小数的位数
toPrecision(length)	将数值转化为指定长度	[[value.toPrecision(length)]]，其中，length 为指定长度

2.2.8　字符串函数

字符串函数用于设置字符串的各种属性，如表 2-6 所示。

表 2-6　字符串函数

函数名称	函数注释	使用方法
length	获取字符串的长度	[[LVAR.length]]
charAt	获取指定位置的字符	[[LVAR.charAt(位数)]]
charCodeAt	获取指定位置字符的 Unicode 编码	[[LVAR.charCodeAt(位数)]]
concat	连接多个字符串	[[LVAR.concat(LVAR1，' 字符串 ')]]

函数名称	函数注释	使用方法
indexOf	检索字符串	[[LVAR.indexOf(' 字符串 ')]]
lastIndexOf	从后向前搜索字符串	[[LVAR.lastIndexOf(' 字符串 ')]]
replace	替换字符串的片段	[[LVAR.replace(' 旧字符串 ', ' 新字符串 ')]]
Slice	提取字符串的片段	[[LVAR.Slice(' 开始位置 ', ' 结束位置 ')]]
split	分离字符串的内容	[[LVAR.split(' 分离内容标识 ', ' 界限 ')]]
substr	从指定位置提取一定数量的字符	[[LVAR.substr(' 开始位置 ', ' 字符个数 ')]]
substring	提取字符串片段	[[LVAR.substring(' 开始位置 ', ' 结束位置 ')]]
toLowerCase	把字符串转换为小写	[[LVAR.toLowerCase()]]
toUpperCase	把字符串转换为大写	[[LVAR.toUpperCase()]]
trim	去除字符串两端的空格	[[LVAR.trim()]]
toString	将一个逻辑值转换为字符串	[[LVAR.toString()]]

2.2.9 数学函数

数学函数用于通过数学方法设置数值，如表 2-7 所示。

表 2-7 数学函数

函数名称	函数注释	使用方法
abs(x)	获取参数的绝对值	[[Math.abs(x)]]
acos(x)	获取参数的反余弦值	[[Math.acos(x)]]
asin(x)	获取参数的反正弦值	[[Math.asin(x)]]
atan(x)	获取参数的反正切值	[[Math.atan(x)]]
atan2(y,x)	获取从 x 轴到点（x, y）的角度	[[Math.atan2(y,x)]]
ceil (x)	获取参数的向上取整值	[[Math.ceil (x)]]
cos(x)	获取参数的余弦值	[[Math.cos(x)]]
exp(x)	获取参数的 e 的指数	[[Math.exp (x)]]
floor(x)	获取参数的向下取整值	[[Math.floor (x)]]
log(x)	获取参数的自然对数值	[[Math.log (x)]]
max(x,y)	获取参数 x、y 中的最大值	[[Math.max(x,y)]]
min(x,y)	获取参数 x、y 中的最小值	[[Math.min(x,y)]]
pow(x,y)	获取参数 x 的 y 次方值	[[Math.pow(x,y)]]
random()	获取一个 0~1 的随机数	[[Math.random()]]
sin(x)	获取参数的正弦值	[[Math.sin(x)]]
sqrt(x)	获取参数的平方根	[[Math.sqrt(x)]]
tan(x)	获取参数的正切值	[[Math.tan(x)]]

2.2.10 日期函数

日期函数用于设置日期类型，如表 2-8 所示。

表 2-8　日期函数

函数名称	函数注释	使用方法
Now	获取当前计算机系统日期和时间	[[Now]]
GenDate	获取生成原型的日期和时间	[[GenDate]]
getDate()	获取当前日期数值	[[Now.getDate()]]
getDay()	获取当前星期数值	[[Now.getDay()]]
getDayOfWeek()	获取当前星期的英文名称	[[Now.getDayOfWeek()]]
getFullYear()	获取当前年份数值	[[Now.getFullYear()]]
getHours()	获取当前小时数值	[[Now.getHours ()]]
getMilliseconds()	获取当前毫秒数值	[[Now.getMilliseconds ()]]
getMinutes()	获取当前分钟数值	[[Now.getMinutes ()]]
getMonth()	获取当前月份数值	[[Now.getMonth ()]]
getMonthName()	获取当前月份英文名称	[[Now.getMonthName ()]]
getSeconds()	获取当前秒数数值	[[Now.getSeconds ()]]
getTime()	获取从 1970 年 1 月 1 日 00:00:00 开始到当前日期对象所经过的毫秒数	[[Now.getTime()]]
getTimezoneOffset()	获取标准时间与当前计算机时间的分钟差值	[[Now.getTimezoneOffset()]]
getUTCDate()	获取当前标准时间的日期数值	[[Now.getUTCDate ()]]
getUTCDay()	获取当前标准时间的星期数值	[[Now.getUTCDay ()]]
getUTCFullYear()	获取当前标准时间的年份数值	[[Now.getUTCFullYear ()]]
getUTCHours()	获取当前标准时间的小时数值	[[Now.getUTCHours ()]]
getUTCMilliseconds()	获取当前标准时间的毫秒数值	[[Now.getUTCMilliseconds ()]]
getUTCMinutes()	获取当前标准时间的分钟数值	[[Now.getUTCMinutes ()]]
getUTCMonth()	获取当前标准时间的月份数值	[[Now.getUTCMonth ()]]
getUTCSeconds()	获取当前标准时间的秒数数值	[[Now.getUTCSeconds ()]]
parse(datestring)	获取指定日期与 1970 年 1 月 1 日 00:00:00 之间相差的毫秒数，datestring 为日期格式的字符串，格式为：YYYY/MM/DDHH:mm:ss	[[Now.parse(datestring) ()]]
toDateString()	获取一个字符串日期	[[Now.toDateString ()]]
toISOString()	获取当前日期对象的 ISOS 格式的日期字符串，格式为：yyyy-mm-ddthh:mm:ss.sssZ	[[Now.toISOString ()]]
toJSON()	获取当前日期对象的 JSON 格式的日期字符串，格式为：yyyy-mm-ddthh:mm:ss.sssZ	[[Now.toJSON ()]]
toLocaleDateString()	获取当前计算机本地时间 "年月日" 的字符串	[[Now.toLocaleDateString ()]]
toLocaleTimeString()	获取当前计算机本地时间 "时分秒" 的字符串	[[Now.toLocaleTimeString ()]]
toLocaleString()	获取当前计算机日期的字符串	[[Now.toLocaleString ()]]
toTimeString()	获取 "时分秒" 的字符串	[[Now.toTimeString ()]]
toUTCString()	获取标准时间的字符串	[[Now.toUTCString ()]]
UTC(year,month,day,hour,min,sec,millisec)	获取相对于 1970 年 1 月 1 日 00:00:00 的世界标准时间与指定日期对象之间相差的毫秒数	[[Now.UTC(year,month,day,hour,min,sec,millisec)]]

续表

函数名称	函数注释	使用方法
valueOf()	获取当前日期对象的原始值	[[Now.valueOf ()]]
addYears(years)	获取当前日期加指定年份	[[Now.addYears(years)]]
addMonths(months)	获取当前日期加指定月份	[[Now.addMonths(months)]]
addDays(days)	获取当前日期加指定天数	[[Now.addDays(days)]]
addHours(hours)	获取当前日期加指定小时	[[Now.addHours(hours)]]
addMinutes(minutes)	获取当前日期加指定分钟	[[Now.addMinutes(minutes)]]
addSeconds(seconds)	获取当前日期加指定秒	[[Now.addSeconds(seconds)]]
addMilliseconds(ms)	获取当前日期加指定毫秒	[[Now.addMilliseconds(ms)]]

2.3　使用中继器

很多用户在操作中继器元件时，会感觉操作起来特别复杂，而如果我们首先理解了中继器的实现原理，操作起来就会非常简单、便捷。

中继器是数据集成器，利用其可进行数据添加、删除、排序、筛选等操作。

（1）将数据输入到中继器中存储，输入方式可以是利用交互效果在中继器中新增行，也可以是在中继器的数据集中默认添加相应数据。

（2）中继器中的内容需要在前端页面中展示出来，此时需要输出中继器中的内容，可以通过前端的操作，将对中继器进行添加、删除、排序、筛选等操作的内容选择性地进行展示。

2.3.1　中继器的添加

【实例 2-5】利用中继器实现信息录入。

【案例效果】使用中继器快速实现数据录入，并通过中继器进行展示。

【实例准备】

如图 2-15 所示，准备好信息录入的文本框"姓名""年龄""年级"以及中继器，希望通过左侧的信息录入，把数据输入到右侧的中继器中。

中继器的添加

图 2-15

双击"中继器"控件，进入中继器样式页面，如图 2-16 所示，可以在中继器中自定义表现形式，将这 3 个矩形分别自定义名称为"中继器 – 姓名""中继器 – 年龄""中继器 – 年级"。

选中中继器的"样式"标签，如图 2-17 所示，可以对中继器中的字段进行命名，注意只可以输入英文或数字。在中继器中可以写入数据，这就变成了中继器的初始数据。

图 2-16　　　　　　　　　　　　　　　　　　图 2-17

【操作步骤】

Step1：选中"提交"按钮，选择【单击时】，如图 2-18 所示，添加动作"添加行"，在配置动作中勾选中继器，单击"添加行"按钮，进入图 2-19 所示页面。此过程为把数据输入到中继器中存储的过程。

图 2-18

Step2：如图 2-19 所示，在【添加行到中继器】对话框中可以选择添加多行内容，本实例中只添加一行内容，单击"fx"按钮弹出选择函数对话框，如图 2-20 所示。

Step3：如图 2-20 所示，添加局部变量"LVAR1""元件文字"，名称为"姓名"，并且把局部变量存储在中继器的"xingming"字段中，年龄、年级数据同理存储在中继器中。此时，已经完成了将数据输入到中继器中的过程。

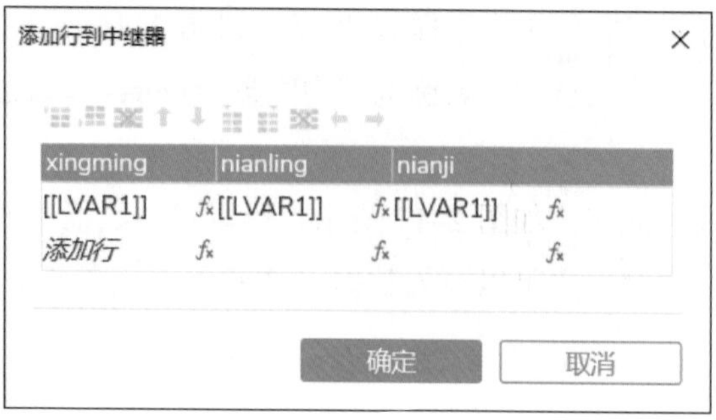

图 2-19

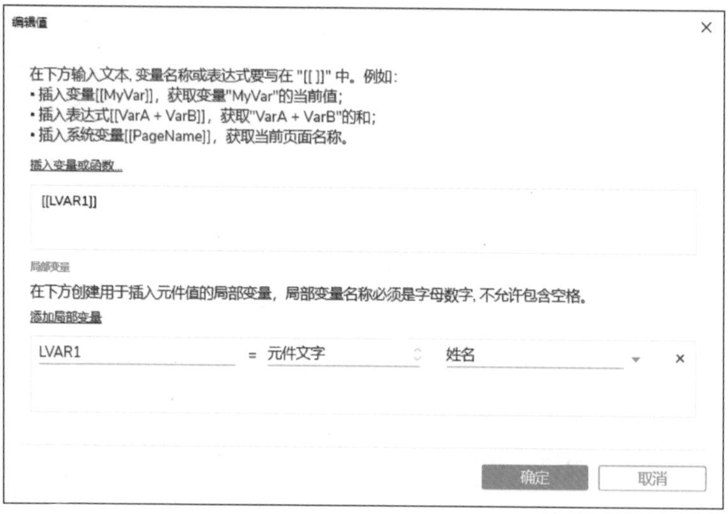

图 2-20

Step4：单击鼠标左键，选中中继器 1。如图 2-21 所示，在"交互"标签中，添加用例【每项加载时】，设置文本于"中继器 – 年级" = "[[Item.nianji]]" "中继器 – 年龄" = "[[Item.nianling]]" "中继器 – 姓名" = "[[Item.xingming]]"。这样就完成了将中继器中的内容展示在前端页面中的过程，每次"添加行"时都会触发【每项加载时】的操作，并且通过赋值的交互动作，将中继器中的数据输出到中继器的矩形中进行展示。

图 2-21

2.3.2 中继器的删除

在中继器中，通过筛选或标记行快速选中指定内容，再利用中继器"数据集" – "删除行"的操作，进行内容的删除。

【实例 2-6】中继器实现内容删除。

【实例效果】利用复选框的操作，可以删除已选的中继器数据或者全部中继器数据。

中继器的删除

【实例准备】

① 新增"全选"按钮复选框，如图 2-22 所示。

图 2-22

② 新增"删除"按钮。

③ 在中继器中增加复选框，如图 2-23 所示。

图 2-23

【操作步骤】

Step1：选中图 2-24 中的复选框时，添加用例【选中时】。

在添加动作时，选择"标记行"动作，目标选择"中继器 1"，行选择"当前"，如图 2-24 所示。

Step2：如图 2-25 所示，添加用例【取消选中时】。

添加"取消标记"动作，目标选择"中继器 1"，行选择"当前"。

图 2-24

图 2-25

通过添加动作"标记行"动作，可以选择中继器中的某些行数据，也可以对标记的数据进行删除、修改等操作。

Step3：选中"删除"按钮，添加如下交互动作，如图 2-26 所示。

【单击时】：

添加"删除行"动作，目标选择"中继器 1"，行选择"已标记"。这样就可以在单击"删除"按钮时，删除中继器中已经勾选复选框的行。

图 2-26

Step4：选中"中继器－全选按钮"复选框，如图 2-27 所示，增加全选和取消全选的操作。

【选中时】：

添加动作"标记行"，目标选择"中继器 1"，行选择"全部"。

添加动作"设置选中"，目标选择"中继器－复选按钮"，设置选择"选中"，到"真"。

【取消选中时】：

添加动作"取消标记"，目标选择"中继器 1"，行选择"全部"。

添加动作"设置选中"，目标选择"中继器－复选按钮"，设置选择"选中"，到"假"。

图 2-27

2.3.3　中继器的修改

在中继器中，通过筛选或标记行选中指定的内容，利用中继器"数据集"－"更新行"的操作，进行内容的修改。

中继器的修改

【实例 2-7】中继器实现内容修改。

【实例效果】

利用复选框的操作，选中中继器中的某些行，在"修改内容"对话框中输入新数据，可以修改已选的中继器数据或者全部中继器数据。

【实例准备】

如图 2-28 所示，新增"修改内容"窗口，其中新增"姓名""年龄""年级"3 个可供修改内容的文本框。

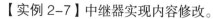

【操作步骤】

在图 2-28 中，选中"修改内容"对话框中的"确定"按钮，添加交互动作如图 2-29 所示。

图 2-28

【单击时】：

添加"更新行"动作，目标选择"中继器 1"，行选择"已标记"，并且在中继器字段中，将"修改内容"对话框中的"姓名""年龄""年级"三个文本框中的值修改到中继器的字段中。

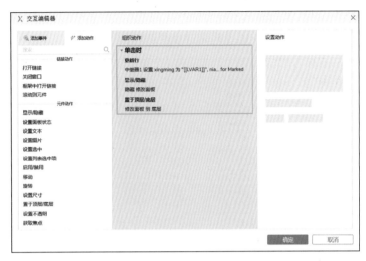

图 2-29

2.3.4　中继器的排序

中继器的排序

在中继器中，通过指定字段进行排序，使用中继器"数据集"–"添加排序"的操作，对内容进行字符、大小、日期等维度的升降排序。

【实例 2-8】中继器实现内容排序。

【实例效果】利用排序按钮的操作，可以对中继器中某一项的数值进行升序、降序排序。

【实例准备】

如图 2-30 所示，在"姓名""年龄""年级"后增加上下排序按钮。

如图 2-31 所示，准备向上排序、向下排序两个按钮，组合成一个动态面板，以便进行状态的切换。

图 2-30

图 2-31

【操作步骤】

Step1：如图 2-32 所示，选择"姓名排序"动态面板状态 2 中的按钮，添加交互动作如下。

【单击时】：

（1）添加"设置面板状态"动作，目标设置为"姓名排序"动态面板，状态选择"State2"；

（2）添加"添加排序"动作，目标设置为"中继器1"。

① 名称可以自定义，也可以不填。

② 列选择"xingming"字段进行排序。

③ 排序类型选择"Text"（因为姓名字段是字符串形式的内容）。

④ 排序顺序选择"升序"。

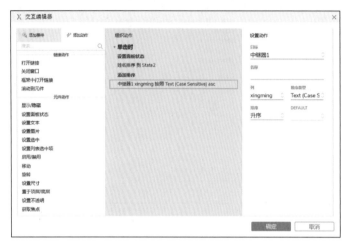

图 2-32

Step2：如图2-33所示，选择"姓名排序"动态面板状态1中的按钮，添加交互动作如下。

【单击时】：

（1）添加"设置面板状态"动作，目标设置为"姓名排序"动态面板，状态选择"State1"；

（2）添加"添加排序"动作，目标设置为"中继器1"。

① 名称可以自定义，也可以不填。

② 列选择"xingming"字段进行排序。

③ 排序类型选择"Text"（因为姓名字段是字符串形式的内容）。

④ 排序顺序选择"降序"。

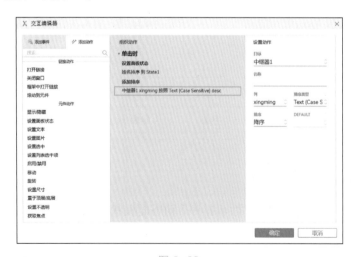

图 2-33

Step3: 如图 2-34 所示，选择"年龄排序"动态面板状态 2 中的按钮，添加交互动作如下。

【单击时】：

（1）添加"设置面板状态"动作，目标设置为"年龄排序"动态面板，状态选择"State2"；

（2）添加"添加排序"动作，目标设置为"中继器 1"。

① 名称可以自定义，也可以不填。

② 属性选择"nianling"字段进行排序。

③ 排序类型选择"Number"，因为年龄字段是数字形式的内容。

④ 排序顺序选择"升序"。

图 2-34

Step4: 如图 2-35 所示，选择"年龄排序"动态面板状态 1 中的按钮，添加交互动作如下。

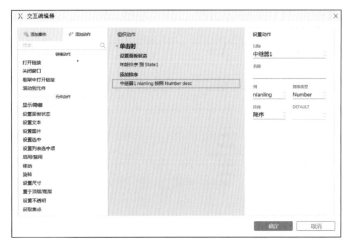

图 2-35

【单击时】：

（1）添加"设置面板状态"动作，目标设置为"年龄排序"动态面板，状态选择"State1"；

（2）添加"添加排序"动作，目标设置为"中继器 1"。

① 名称可以自定义，也可以不填。

② 属性选择"nianling"字段进行排序。

③ 排序类型选择"Number",因为年龄字段是数字形式的内容。

④ 排序顺序选择"降序"。

Step5: 如图 2-36 所示,选择"年级排序"的动态面板的状态 2 中的按钮,添加交互动作如下。

【单击时】:

(1)添加"设置面板状态"动作,目标设置为"年级排序"动态面板,状态选择"State2"。

(2)添加"添加排序"动作,目标设置为"中继器 1"。

① 名称可以自定义,也可以不填。

② 属性选择"nianji"字段进行排序。

③ 排序类型选择"文本",因为年级字段是文本形式的内容。

④ 排序顺序选择"升序"。

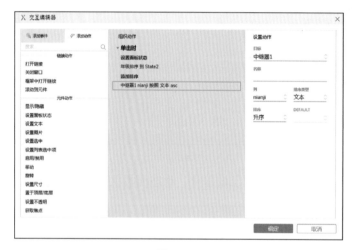

图 2-36

Step6: 如图 2-37 所示,选择"年级排序"动态面板状态 1 中的按钮,添加交互动作如下。

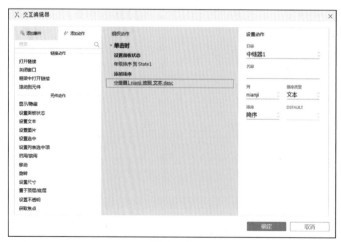

图 2-37

【单击时】：

（1）添加"设置面板状态"动作，目标设置为"年级排序"动态面板，状态选择"State1"。

（2）添加"添加排序"动作，目标设置为"中继器 1"。

① 名称可以自定义，也可以不填。

② 属性选择"nianji"字段进行排序。

③ 排序类型选择"文本"，因为年级字段是文本形式的内容。

④ 排序顺序选择"降序"。

2.3.5　中继器的筛选

在中继器中，选择【中继器数据】的【添加筛选】命令，可对数据集中的某一段文字进行搜索。

【实例 2-9】中继器实现内容筛选。

【实例效果】

利用搜索操作，可快速筛选出中继器中想要的数据。输入文字后，自动匹配相同数据项的中继器中的行，搜索输入框内容为空时，移除所有筛选项。

【实例准备】

提前准备好供搜索的输入文本框，自定义名称为"搜索"，默认提示文字为"请输入需要搜索的年龄"，如图 2-38 所示。

图 2-38

【操作步骤】

Step1：选中"搜索"输入文本框，添加交互动作如下，如图 2-39 所示。

【文本改变时】Case1：

新增判断条件：当前"搜索"输入文本框中的内容不为空时。

添加"添加筛选"动作，目标选择"中继器 1"。

① 名称设置为"年龄"。

② 条件：[[Item.nianling==LVAR1]]。

如图 2-40 所示，添加局部变量"LVAR1"，赋值为"搜索"文本框中的元件文字。这样就可实现了当"搜索"文本框中的元件文字等于中继器中的"年龄"字段时，筛选出中继器中符合条件的行。

Step2：选中"搜索"输入文本框，添加交互动作如下，如图 2-41 所示。

【文本改变时】Case2：

新增判断条件：当前"搜索"输入框中的内容为空时。

添加"移除筛选"动作，目标选择"中继器 1"，过滤选择"全部"。

这样就可实现当"搜索"输入框中的内容为空时，移除全部筛选条件，中继器显示全部行。

中继器的筛选

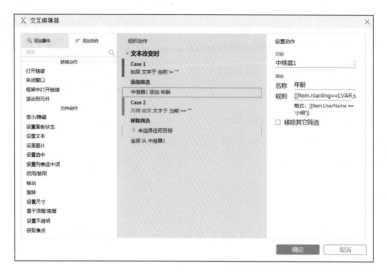

图 2-39

图 2-40

图 2-41

2.3.6　中继器设置每页显示数量

选中中继器元件，在检视区"样式"选项卡的"分页"选项中可以设置每页显示的数量，如图 2-42 所示。

中继器设置每页显示数量

图 2-42

实战练习

如图 2-43 所示，使用变量制作一个"发送验证码"按钮。单击"发送验证码"按钮后，按钮内容变为"重新发送还需要 60 秒"，并且其中的时间会以秒为单位倒计时。

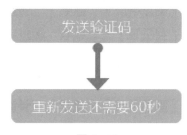

图 2-43

Chapter
03

第 3 章
原型框架布局

3.1　原型规范讲解

3.1.1　产品结构布局

使用 Axure 进行原型展示时，合理使用页面布局可以更清晰地表达产品思维和展示信息。

做产品的过程中，需求背景、产品目标、使用人员等内容与原型关联性不强，可在产品需求文档中体现，Axure 原型中更多的是页面形态的表达。如图 3-1 所示，Axure 的页面布局将页面分成 4 部分：版本记录、功能结构图、页面详情和 demo。当然，每家公司的产品要求有所不同，如有需要，可根据自身产品要求自行调整页面布局。

图 3-1

1. 版本记录

所有产品都必须经历迭代过程。有效地管理每个版本的信息，做好版本记录，可以让原型的阅读者清晰地知道你在原型中做了哪些产品功能，并且在以后的工作中可更好地开展工作。

如图 3-2 所示，记录好当前原型的版本信息，包括版本号、版本记录、修改人、修改时间等信息。

版本记录：

版本号	版本记录	修改人	修改时间
V4.8.0	新增： 1. 运动地图，来「同城」寻找身边的 keepers 和跑步路线； 2. 动作库开辟了讨论区； 3. 分享内容时，小伙伴可以看到并关注你了； 4. 精选专业跑步音乐，帮你练就稳定步频； 5. 扫码开锁小蓝单车，同事记录运动轨迹 优化： 1. 收藏列表优化 2. 卡路里算法优化 3. keep 日报内容优化	keep	2017-09-03

图 3-2

如果将多个版本信息整合在同一个原型文件中，则版本记录需要记录多个版本信息。一般建议一个版本迭代使用一个 Axure 原型文件，使用一个产品需求文档。

2. 功能结构图

产品经理在从 0 到 1 地完成一个原型时或者参考成熟产品模仿一个原型时，需要借助思维导图工具来布局产品框架。这里，推荐使用常用的 MingManager 或 XMind 思维导图工具来拆解产品框架。

如图 3-3 所示，利用思维导图软件可拆解出整个产品的功能框架，并且将图片复制到"功能结构图"中，因为需要使用功能结构图的内容对"页面详情"进行页面布局。

利用思维导图工具梳理产品框架图时，只需要"落地"到最终功能即可，如"我的活动""我的收藏"，无须梳理到信息结构。

3. 页面详情

如图 3-4 所示，在"页面详情"中，页面布局需要按照"功能结构图"中的层级框架进行布局。如果最终功能是一个完整的产品流程，请读者参考 3.1.2 小节产品流程布局中的内容。

图 3-3

图 3-4

4. demo

demo 中可以对之前的页面内容进行组合，形成带有交互效果的页面组合，以验证页面之前的产品流程是否通畅及产品交互设计体验是否符合预期，并且将最小的可行性 demo 发给用户进行体验。

3.1.2 产品流程布局

每个产品都是由若干个独立功能组合而成的，如注册、登录、扫一扫、朋友圈、购买商品、支付流程、授权流程等。每一个独立功能都需要一个完整的产品流程来体现。产品经理在日常工作中可能负责一个 App 的某几个功能，可能在版本迭代过程中迭代两个新功能，这些都需要在框架型原型布局的基础上完成整个功能的流程布局。

对于一个完整的功能，首先要借助流程软件梳理出整个功能的流程图，可以借助 Visio、ProcessOn 等软件，也可以使用 Axure 自定义简单的产品流程。

例如，产品注册流程如图 3-5 所示。利用流程图，可帮助我们梳理出注册流程中的各个阶段。

图 3-5

在 Axure 的页面布局中，注册页面根据流程图中梳理的流程进行布局，并且页面之间使用连接线进行流程的串联，"返回"上一步的流程时不需要使用连接线，如图 3-6 所示。

图 3-6

这样做的好处是：页面之间严格按照流程图的步骤进行连接，可让产品经理布局的思路更清晰；对接开发人员、设计师或者其他的项目组成员时，更容易让他们理解产品的流程，不同的页面完成什么功能，页面之间如何进行连接，承接上下关系层级的是什么交互方式。

3.1.3　原型注释

在原型的页面中，我们可以对原型的交互、业务逻辑进行简单的备注和说明，这样可以让开发人员在查看原型的过程中解决一些不理解的问题。

如图 3-7 所示，在注册页面中，第一步需要输入手机号码，单独展示原型可能会产生很多疑问。在页面下方，利用矩形元件进行简单的注释，可以解决这些疑问，并且增强对页面的理解力。

图 3-7

注释不仅可保证页面的美观度，还可以主要说明页面的交互效果，简单说明涉及的业务流程。

在 Axure RP 9.0 版本中，在"说明"标签中对元件或页面进行说明，如图 3-8 所示。

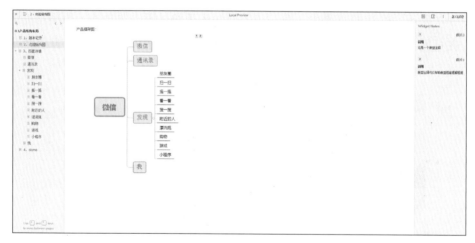

图 3-8

在原型预览时，在页面右侧可以打开备注入口，我们可以在这里清晰地查看元件与注释的对应关系，如图 3-9 所示。

图 3-9

3.1.4 原型尺寸规范

在移动端设计原型时，为了更好地兼容 iOS 系统与 Android 系统，我们一般选取 375 像素 ×750 像素作为原型设计的标准尺寸。

如图 3-10 所示，原型尺寸为 375 像素 ×667 像素，其中状态栏高 20 像素，导航栏高 44 像素，标签栏高 49 像素。

而在 Web 端的原型设计中，为了适应当前屏幕宽度，我们一般采用 1280 像素 /1440 像素宽度的尺寸，高度不限，左右会有页面留白效果，这样可以让整个页面布局更加整洁美观。

3.1.5 引用图片与图标

产品经理在做产品设计的过程中经常会引用图片，但如果胡乱引用图片，容易引起版权问题。无论是上线产品还是原型，如果需要引用图片，我们可以使用下面无版权图片网址中的图片。

如果需要引用图标，可以从阿里巴巴矢量库中下载 SVG 格式的图片。

下载的 SVG 格式的图片可以导入到 Axure 文件中，如图 3–11 所示，选中 SVG 格式的图片，单击鼠标右键，在弹出的菜单中选择"转换 SVG 图片为形状"，这样就可以对图片中的内容进行自定义填充背景、改变线段等操作。

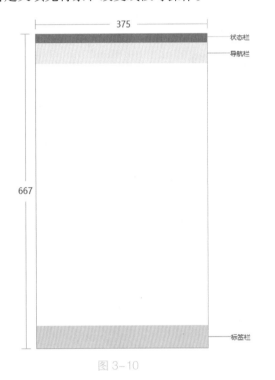

图 3–10

图 3–11

3.2 设计 App 控件

3.2.1 App 导航设计

在移动端的产品设计中，导航设计尤为重要。不同的产品会根据产品功能框架选择使用不同的导航设计。本节将介绍几种常用的导航设计，并且对导航的使用场景和优劣进行介绍。

1. 标签导航

如图 3–12 所示，标签导航是我们使用最多的导航方式之一，在页面下方放置几个功能入口，便于切换不同的页面，也更符合用户的操作习惯，其缺点是占用一定的高度。

2. 抽屉导航

如图 3–13 所示，单击页面左上角的"菜单"按钮，会从左向右弹出"导航栏"，可以将辅助功能放置在这个抽屉导航栏中，从而节省整个页面的空间占用，用户的注意力也会聚焦在当前页面上。

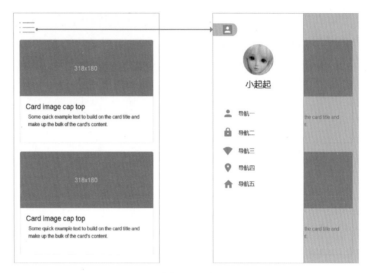

图 3–12   图 3–13

3. 宫格导航

宫格导航是将多入口聚合在页面中，罗列清晰，一目了然，但是可能会给用户带来难选择的问题，如图 3–14 所示。

4. 列表导航

如图 3–15 所示，列表导航以非常清晰的结构展示 App 中的功能入口，一般常用在设置、信息展示中。

图 3–14   图 3–15

5. 组合导航

组合导航主次分明,并且导航中的功能入口属于不同的层级。例如,如图 3-16 所示,上方的宫格导航属于业务层级的功能入口,下方的列表导航属于辅助功能的入口。

6. tab 导航

如图 3-17 所示,tab 导航在上方利用 tab 标签进行页面内容的切换。在已有标签导航的情况下,tab 导航常用作第二层级的导航。

7. 列表联动

如图 3-18 所示,列表联动效果在移动端也经常出现,通过左侧的标签,切换右侧的页面内容,通常在列表和筛选页面中使用。

图 3-16　　　　　　　　　图 3-17　　　　　　　　　图 3-18

3.2.2　App 下拉刷新效果

在 App 产品设计中,下拉刷新功能在新闻、资讯、feed 流产品中会经常用到,是这些产品在进行内容表现时必不可少的一个功能。

下拉刷新的表现样式、交互方法要根据产品流程而定。如果在刷新的交互方式中给用户带来一些比较好的反馈,并且跟产品功能相结合,可以缓解用户在等待过程中的焦虑,并且可减少等待过程造成的用户流失。

App 下拉刷新
效果

【实例 3-1】设计下拉刷新效果。

【实例效果】

(1)如图 3-19 所示,在 App 页面中下拉内容,可以展示下拉提示"放手即刷新"。

(2)松开手指时,判断当前页面位置,如果未超出刷新区域,则页面回到移动前位置,页面内容不做改变。

（3）如果超出刷新区域，则页面固定在刷新区域下方，会有加载动画效果，通过加载后，页面刷新内容。

图 3-19

【实例准备】

（1）在 App 的内容区域放置自定义名称为"主面板"的动态面板，其中包含"下拉刷新效果面板"和"内容面板"，如图 3-20 所示。

图 3-20

（2）如图 3-21 所示，在"下拉刷新效果面板"中包含"放手即刷新"和"正在加载"两个状态。

图 3-21

（3）在"正在加载"状态中，放置图 3-22 所示的"刷新"动态面板。面板中有 8 个状态，都是图 3-23 所示的图片，旋转 8 个角度，放置在 8 个状态中。

图 3-22

（4）如图 3-23 所示，在自定义名称为"内容面板"的动态面板中包含两个状态，用于刷新后内容的切换。

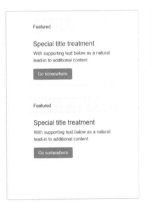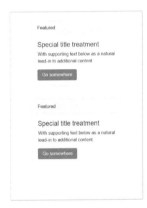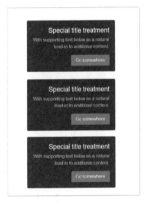

内容面板 1　　　　　　　　　　　　内容面板 2

图 3-23

【设计思路】

（1）"主面板"作为手机屏幕的展示区域，在拖动内容的操作过程中，还是只能展示手机屏幕区域内的内容。

（2）通过拖动"内容面板"来实现交互效果。

（3）拖动"内容面板"后，会进行判断：如果未超过"下拉刷新效果面板"区域，则"内容面板"回到原位；如果超过了"下拉刷新效果面板"区域，则"内容面板"移动到"下拉刷新效果面板"下边界位置，切换"下拉刷新效果面板"状态为"正在加载"，切换"刷新"动态面板，实现视觉效果中图片旋转的加载效果。

（4）加载完成后，"内容面板"切换面板状态，并且回到拖动前的位置。

【操作步骤】

Step1：选中"内容面板"，添加交互动作如下。

【拖动时】：

添加【移动】动作，目标选择"当前"，移动设置为"跟随垂直拖动"，如图 3-24 所示。

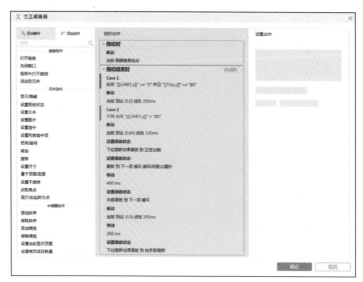

图 3-24

Step2：选中"内容面板"，添加交互动作如下。

【拖动结束时】Case1：

① 添加条件判断，如果"[[LVAR1.y]]" >= "0" and "[[This.y]]" <= "80"。其中，"LVAR1" = 【元件】【This】。

② 添加【移动】动作，目标选择"当前"，移动设置为"到达"，【x】设置为"0"，【y】设置为"0"，【动画】设置为"线性 250ms"。

Step3：选中"内容面板"，添加交互动作如下。

【拖动结束时】Case2：

① 添加条件判断，如果"[[LVAR1.y]]" > "80"。其中，"LVAR1" = 【元件】【This】。

② 添加【移动】动作，目标选择"当前"，移动设置为"到达"，【x】设置为"0"，【y】设置为"80"，【动画】设置为"线性 100ms"。

③ 添加【设置面板状态】动作，目标选择"下拉刷新效果面板"动态面板，状态设置为"正在加载"。

④ 添加【设置面板状态】动作，目标选择"刷新"动态面板，状态设置为"下一项"，勾选"向后循环"单选按钮，勾选循环间隔为"50ms"的单选按钮。

⑤ 添加【等待】动作，【等待】设置为"400ms"。

⑥ 添加【设置面板状态】动作，目标选择"内容面板"动态面板，状态设置为"下一项"，勾选"向后循环"单选按钮。

⑦ 添加【移动】动作，目标选择"当前"，移动设置为"到达"，【x】设置为"0"，【y】设置为"0"，【动画】设置为"线性 250ms"。

⑧ 添加【等待】动作，【等待】设置为"250ms"。

⑨ 添加【设置面板状态】动作，目标选择"下拉刷新效果面板"动态面板，状态设置为"放手即刷新"。

【实例总结】

在下拉刷新案例中，我们学习了下拉刷新效果的几个过程，下拉需要经历几个阶段，不同的动作会触发不同的结果。

在我们的产品中，加载的过程可以自定义，其中的图片、文字可以与我们产品本身的内容特性相结合，给用户带来更好的反馈和体验。这样从交互和 wording 反馈层面可以减少用户因等待而产生的焦虑。

3.2.3　App 导航栏吸附效果

导航栏吸附效果

在 App 中，一般在标题栏的下方会放置导航栏，但是在浏览信息的过程中，导航栏会吸附在 App 的上方，便于用户在浏览过程中切换页面内容。再次向下拖动时，又会将标题栏和导航栏一起向下移动。

【实例 3-2】设计导航栏吸附效果。

【实例效果】

（1）如图 3-25 所示，通过向上滑动手机屏幕浏览页面内容时，导航栏会吸附在标题栏的下方，之后只会滑动内容显示区域。

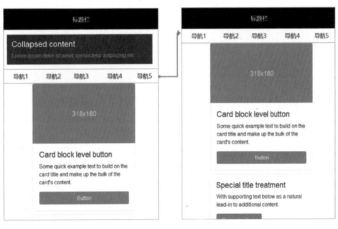

图 3-25

（2）向下滑动手机屏幕时，如果已经展示到最顶部的内容，则会把导航栏和标题栏向下拖动展示。

【实例准备】

（1）放置四层面板，如图 3-26 所示，其中面板 1 包含面板 2，面板 2 包含面板 3，面板 3 包含面板 4。

（2）在"面板 1"动态面板状态中，在"面板 2"的动态面板上方放置一个空白矩形，自定义名称为"辅助矩形"，起始位置的【Y】值为"-139"，高度为"20"。

【设计思路】

（1）通过对"面板 1"的移动，来移动"面板 2"或"面板 4"。

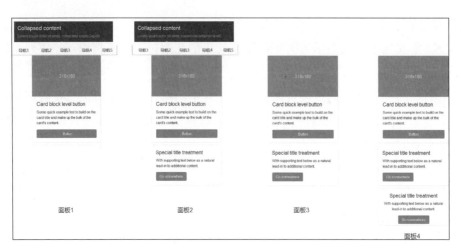

图 3-26

（2）"面板 1"和"面板 3"都只作为手机屏幕的显示区域。

（3）放置"辅助矩形"的目的是增强用户接触面板时的触发效果。

【操作步骤】

Step1：选中"面板 1"动态面板，添加交互动作如下。

【拖动时】Case1：

① 添加条件判断，如果"[[LVAR1.y]]" >= "-119"。其中，"LVAR1"=【元件】【面板 2】。

② 添加【移动】动作，目标选择"面板 2"，移动设置为"跟随垂直拖动"，如图 3-27 所示。

图 3-27

Step2：选中"面板 1"动态面板，添加交互动作如下。

【拖动时】Case2：

① 添加条件判断，如果"[[LVAR1.y]]" <= "0"。其中，"LVAR1"=【元件】【面板 4】。

And【区域】"面板 2"【接触】【区域】【辅助矩形】。

② 添加【移动】动作，目标选择"面板 4"，移动设置为"跟随垂直拖动"。

Step3：选中"面板 1"动态面板，添加交互动作如下。

【拖动时】Case3：

① 添加条件判断，如果"[[LVAR1.y]]">"0"。其中，"LVAR1"=【元件】【面板 4】。

② 添加【移动】动作，目标选择"面板 2"，移动设置为"跟随垂直拖动"。

③ 添加【移动】动作，目标选择"面板 4"，移动设置为"到达"，【x】设置为"0"，【y】设置为"0"。

【实例总结】

在导航栏吸附效果中，我们多次运用到通过拖动交互动作移动不同的面板内容，从而实现在不同的情况下拖动的区域不同。

导航栏可起到重要的导航功能，在用户浏览过程中，需要常态显示给用户，吸附在标题栏的下方可以方便用户操作，保证了功能的流畅性。

3.2.4　图片轮播

图片轮播

在 App 或 Web 端中，会经常遇到图片轮播。这种展示效果可以在有限的区域内展示更多的内容，并且表现形式相对于静态的图片、文字也有了一定程度的提升。

通常轮播的内容是广告、活动的信息。

【实例 3-3】设计图片轮播。

【实例效果】

在 App 端的顶部展示标题栏，其中有 3 张图片，图片间隔 3000ms 会从右向左滑动到下一张，依次循环，如图 3-28 所示。

图 3-28

【操作步骤】

Step1：在自定义名称为"轮播面板"的动态面板中设置 3 个状态，分别放置 3 张图片。

Step2：选中"轮播面板"动态面板，添加交互动作如下。

【载入时】：添加【设置面板状态】动作，目标选择"轮播面板"，状态设置为"下一项"，勾选"循环"单选按钮，循环间隔为"3000 毫秒"的单选按钮，【进入动画】设置为"向左滑动 500 毫秒"，【退出动画】设置为"向左滑动 500 毫秒"，如图 3-29 所示。

图 3-29

【实例总结】

图片轮播的原理非常简单，利用动态面板，载入时自动切换到下一个状态，并且不断循环，但是背后的设计原理是值得我们学习和思考的：在有限的区域中展示非常丰富的内容，并且保证了内容不单一，那么是否有更多、更好的交互方式来展示更加丰富的内容呢？

在标题栏的设计中，还可以加上向左、向右的单击按钮，实现左滑、右滑操作的交互效果。

3.3 设计 Web 控件

3.3.1 分享按钮

"分享"是我们在产品设计中常用到的功能，分享的转化程度是产品功能闭环中必不可少的组成部分。利用分享的交互设计，可以更好地引导用户去做"分享"的操作，可以有效地提高转化率。下面我们将介绍一种适用于 Web 端的分享方式。

【实例 3-4】设计分享按钮。

【实例效果】

图 3-30 所示为在 Web 端的"分享"按钮。单击初始状态的"Share your profile"按钮后，

按钮背景颜色变为蓝色，并且 5 个按钮 "facebook" "twitter" "linkedin" "E-mail" "link"
依次向上【移动】到原 "分享" 按钮中。

图 3-30

【实例准备】

（1）如图 3-31 所示，双击 "Share" 动态面板，设置 "分享" "链接" 两个动态面板状态。

（2）在 "Share" 动态面板中的 "链接" 状态中，如图 3-32 所示，放置一个蓝色的按钮
背景，并且准备好 "facebook" "twitter" "linkedin" "E-mail" "link" 这 5 个按钮组合。
按钮组合采用白色圆形的矩形控件作为背景，加上相应的蓝色图标形成组合。

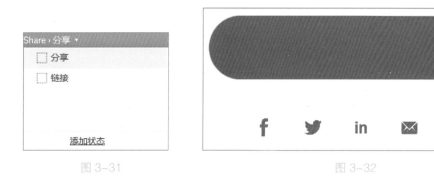

图 3-31　　　　　　　　　　　　　　　　　图 3-32

（3）"facebook" "twitter" "linkedin" "E-mail" "link" 这 5 个按钮组合的初始垂直
位置为：【y】为 "157"，移动后在蓝色背景垂直中心位置【y】为 "24"。

【设计思路】

（1）在 "Share" 动态面板的 "分享" 状态中，选择整个 "分享" 按钮组合【单击时】切换
"Share" 动态面板状态为 "链接" 状态。

（2）在 "Share" 动态面板的 "链接" 状态中，设置 5 个按钮组合 "facebook" "twitter"
"linkedin" "E-mail" "link" 依次向上【移动】到蓝色背景按钮中。

【操作步骤】

Step1：如图 3-33 所示，在 "Share" 动态面板的 "分享" 状态中选择 "分享" 组合，添
加交互动作如下。

【单击时】：

① 添加【设置面板状态】动作，目标选择 "Share" 动态面板，状态选择【链接】，动

画效果选择"逐渐 500 毫秒"。

② 移动 "facebook" 组合到【到达】【x】为"65",【y】为"24"的位置,【动画】设置为"线性 250ms"。

③ 添加【等待】动作,【等待】设置为"50ms"。

④ 移动 "twitter" 组合到【到达】【x】为"149",【y】为"24"的位置,【动画】设置为"线性 250ms"。

⑤ 添加【等待】动作,【等待】设置为"50ms"。

⑥ 移动 "linkedin" 组合到【到达】【x】为"232",【y】为"24"的位置,【动画】设置为"线性 250ms"。

⑦ 添加【等待】动作,【等待】设置为"50ms"。

⑧ 移动 "E-mail" 组合到【到达】【x】为"316",【y】为"24"的位置,【动画】设置为"线性 250ms"。

⑨ 添加【等待】动作,【等待】设置为"50ms"。

⑩ 移动 "link" 组合到【到达】【x】为"400",【y】为"24"的位置,【动画】设置为"线性 250ms"。

图 3-33

Step2：设置"Share"动态面板取消勾选"自动调整为内容尺寸"。如果勾选,则会在按钮下方看到"facebook""twitter""linkedin""E-mail""link"这 5 个按钮组合的移入过程,影响用户的视觉体验。

【实例总结】

在 Web 端，分享是很常见的一种操作。作为产品经理，不仅要完成功能的添加，还要思考如何提高按钮单击率、分享的转化程度。

流畅的交互效果可以有效地提升页面整体的交互体验，并且可以提升功能本身的转化率。分享或链接的效果也不限于此，还有更多、更好的交互效果可引导用户单击，如新浪微博的分享入口效果，所以在做产品时要多思考。

3.3.2　高保真滚动条

滚动条是我们在产品设计中常见的操作方式，可在有限的页面内展示更多的内容。在 Web 端，通过滚动条的设计可以更深入地了解滚动条的操作方式，还可以了解滚动条的设计原理。

【实例 3-5】设计高保真滚动条。

【实例效果】

（1）如图 3-34 所示，在 Web 端的一个窗口中，如果内容过多，则需要利用滚动条来进行辅助操作。

（2）上下拖动窗口，内容可以上下拖动，并且滚动条也会上下移动。

（3）拖动滚动条，窗口内容也会上下移动。

图 3-34

【实例准备】

（1）新增尺寸为 375 像素 ×569 像素的动态面板，自定义名称为"面板 1"。不要勾选"自动调整为内容尺寸"，"面板 1"主要作为显示区域，如图 3-35 所示。

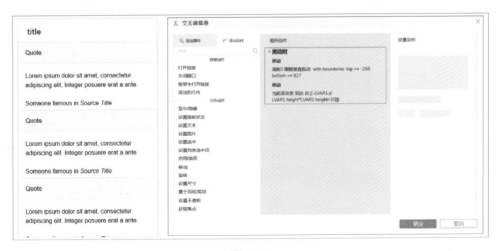

图 3-35

（2）在"面板 1"中新增"面板 2"动态面板，"面板 2"需要勾选"自动调整为内容尺寸"。"面板 2"主要用来放置所有的内容，内容的多少可以自定义，高度会根据内容高度而自适应地进行调整，如图 3-36 所示。

图 3-36

（3）如图 3-37 所示，自定义名称为"滚动条面板"的动态面板，设置其尺寸为 16 像素 × 568 像素，主要放在"面板 1"的右侧，用来展示当前显示屏幕中的内容占所有内容的占比。

图 3-37

（4）如图 3-38 所示，在"滚动条面板"中，有一个宽度像素为"16"的"当前滚动条"的矩形，用来表示当前页面所在位置和比例，"当前滚动条"的高度会根据页面内容的多少而自适应调节。

（5）如图 3-38 所示，在"滚动条面板"中，再放置一个 16 像素 × 527 像素的"滚动条背景"的矩形。

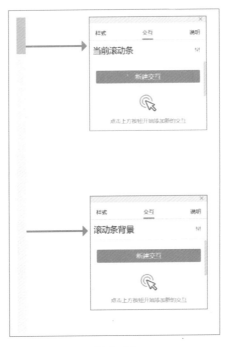

图 3-38

【设计思路】

（1）由"面板 1"的高度 / "面板 2"的高度 = "滚动条"的高度 / "滚动条背景"的高度，可以计算出无论"面板 2"中可放置多高的内容，"滚动条"的高度都是真实比例的高度值。

（2）拖动"面板 1"时，根据"面板 2"的"–y"坐标 / "面板 2"的高度 = （"当前滚动条"的"y"坐标 –20）/ "滚动条背景"的高度（其中，"–y"坐标表示向上移动的距离，"当前滚动条"的"y"坐标中的"–20"是因为"当前滚动条"的【y】位置为"20"，需要计算向下移动的记录差），设置出"当前滚动条"的"y"坐标。

（3）拖动"滚动条面板"时，根据"面板 2"的"–y"坐标 / "面板 2"的高度 = （"当前滚动条"的"y"坐标 –20）/ "滚动条背景"的高度。可以根据"当前滚动条"向下移动的距离，设置"面板 2"的当前位置。

【操作步骤】

Step1：如图 3-39 所示，设置"当前滚动条"尺寸，在检视页面中添加交互动作如下。

【页面载入时】：添加【设置尺寸】动作，目标选择"当前滚动条"矩形，设置宽度为 16，设置高度为"[[(LVAR1.height/LVAR2.height)*LVAR3.height]]"，因为调整下边界的位置，所以锚点选择"左上角"。

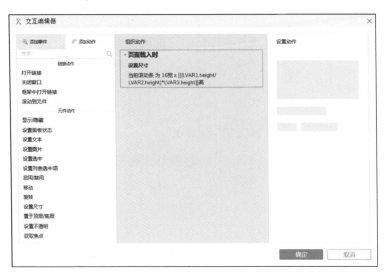

图 3-39

Step2：设置"当前滚动条"的高度，调用函数，如图 3-40 所示，调用函数值为"[[(LVAR1.height/LVAR2.height)*LVAR3.height]]"。其中，"LVAR1"等于【元件】"面板 1"，"LVAR2"等于【元件】"面板 2"，"LVAR3"等于【元件】"滚动条背景"。

图 3-40

Step3：如图 3-41 所示，在"面板 2"动态面板中添加交互动作如下。

【拖动时】：

添加【移动】动作，目标选择"面板 2"动态面板，移动设置为"跟随垂直拖动"，【边界】为"顶部 >=-258""底部 <=827"。

添加【移动】动作，目标选择"当前滚动条"矩形，【x】设置为"0"，【y】设置为"[[-LVAR1.y/LVAR1.height*LVAR2.height+20]]"，调用函数，如图 3-42 所示。其中，"LVAR1"等于【元件】"面板 2"，"LVAR2"等于【元件】"滚动条背景"。

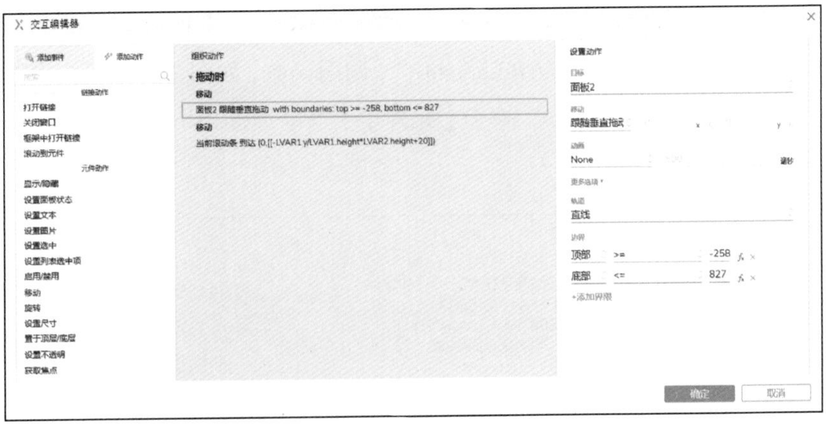

图 3-41

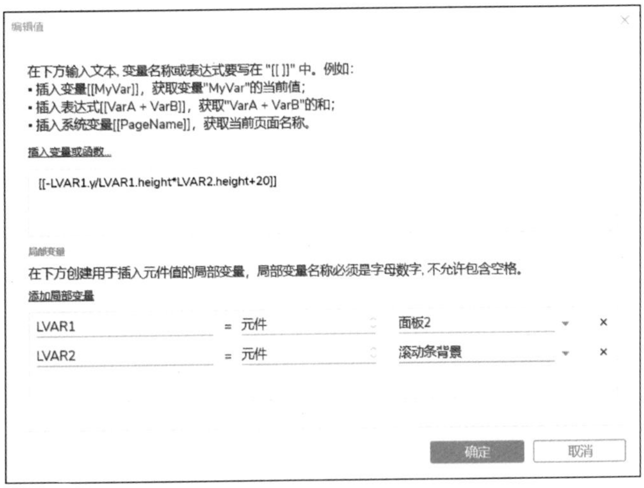

图 3-42

Step4：如图 3-43 所示，选择"滚动条面板"，添加交互动作如下。

【拖动时】：

添加【移动】动作，目标选择"当前滚动条"，移动设置为"跟随垂直拖动"，【边界】为"顶部 >=20""底部 <=547"。

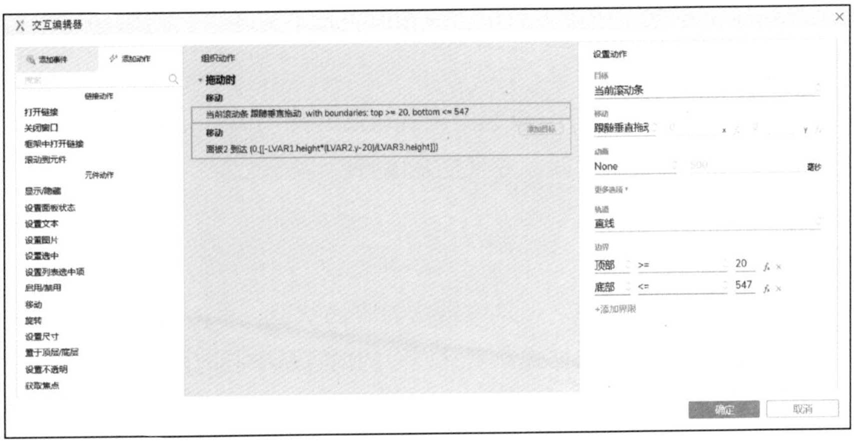

图 3-43

添加【移动】动作，目标选择"面板 2"动态面板，【x】设置为"0"，【y】设置为" [[−LVAR1.height*(LVAR2.y−20)/LVAR3.height]]"，调用函数，如图 3-44 所示。其中，"LVAR1"等于【元件】"面板 2"，"LVAR2"等于【元件】"当前滚动条"，"LVAR3"等于【元件】"滚动条背景"。

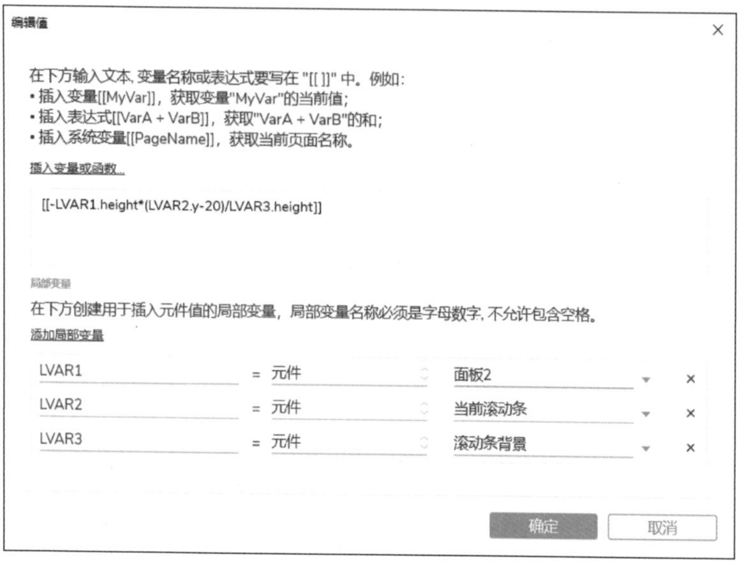

图 3-44

【实例总结】

通过高保真滚动条的设计实例，我们学习了不同控件之间的联动效果，面板的拖动带动滚动条的移动，滚动条的拖动带动面板的移动，并且数据都是准确计算的，在之后的原型制作过程中只需要填入不同的内容，元件可以多次复用。

学习制作过程之后，我们也明白了滚动条的计算和设计方法在真实的前端开发过程中，也是采用相同的逻辑方法进行程序语言设计的。

3.3.3 工具栏展开与收起效果

将不常用的功能选项收入功能入口中，使用时再展开操作，可以有效地节省页面空间，并且保证功能完整。

下面我们将学习一种功能展开与收起的方式，展开的动画效果可以吸引用户的注意，减少用户的等待时间，并且提升体验。

工具栏展开收起交互效果

【实例 3-6】工具栏的展开与收起。

【实例效果】

如图 3-45 所示，在 Web 端中，工具栏默认为收起状态，单击"按钮"，"按钮"向左旋转并移动，按钮变成"关闭"的样式，工具栏中的内容从中心向两侧展开。

单击展开状态时的"按钮"，"按钮"向右旋转并移动，按钮变成"添加"的样式，工具栏中的内容从两侧向中心收起。

图 3-45

【实例准备】

（1）如图 3-46 所示，准备一个 50 像素 ×50 像素的"按钮"，初始位置的【x】设置为"430"，【y】设置为"252"。

图 3-46

（2）如图 3-47 所示，自定义名称为"工具栏 1"的动态面板，设置大小为 50 像素 ×50 像素，取消勾选"自动调整为内容尺寸"，默认勾选"隐藏"，初始位置的【x】设置为"430"，【y】设置为"252"。

图 3-47

（3）在"工具栏 1"动态面板的"State1"状态中，新增动态面板"工具栏 2"，设置大小为 410 像素 ×50 像素，如图 3-48 所示，初始位置的【x】设置为"-180"，【y】设置为"0"。

图 3-48

【设计思路】

（1）单击按钮时，需要进行判断：是展开还是收起"工具栏 1"？

（2）展开"工具栏 1"时，"按钮"先向右移动一小段距离，再向左移动到"工具栏 2"的最左侧。

（3）收起"工具栏 1"时，"按钮"先向左移动一小段距离，再向右移动到"工具栏 2"的中间位置。

（4）如何让"工具栏 1"从中间向两侧展开最为关键，Axure 本身没有这样的功能，所以需要展示的面板"工具栏 1"默认只有 50 像素 × 50 像素的大小，从中心位置向两侧放大到"工具栏 2"的大小 410 像素 × 50 像素，"工具栏 2"默认在【x】为"–180"的位置只展示中心位置，并且同步将"工具栏 2"向右移动到【x】为"0"的位置，这样就实现了视觉效果上从中心向两边扩展展示工具栏的效果。

（5）同理，让"工具栏 1"从两侧向中心收回的效果如下。让"工具栏 1"从 410 像素 × 50 像素的大小缩小为 50 像素 × 50 像素的大小，并且"工具栏 2"从【x】为"0"的位置移动到【x】为"–180"的位置，这样在视觉效果上就实现了从两边向中心收起工具栏的效果。

【操作步骤】

如图 3–49 所示。

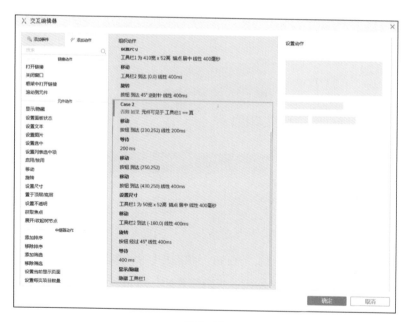

图 3–49

Step1：对"按钮"添加交互动作如下。

【单击时】Case1：

添加条件判断，如果"工具栏 1"的【元件可见性】=【假】。

（1）移动前的缓冲效果。

① 添加【移动】动作，目标选择"按钮"，【x】设置为"450"，【y】设置为"252"，

【动画】设置为"线性 200ms"。

② 添加【等待】动作，等待"200ms"。

③ 添加【移动】动作，目标选择"按钮"，【x】设置为"430"，【y】设置为"252"。

④ 添加【显示】动作，目标选择"工具栏 1"，【可见性】选择为"显示"。

（2）移动"按钮"，并放大"工具栏 1"。

① 添加【移动】动作，目标选择"按钮"，【x】设置为"250"，【y】设置为"250"，【动画】设置为"线性 400ms"。

② 添加【设置尺寸】动作，目标选择"工具栏 1"，【x】设置为"410"，【y】设置为"52"，【锚点】设置为"中心"，【动画】设置为"线性 400ms"。

③ 添加【移动】动作，目标选择"工具栏 2"，【x】设置为"0"，【y】设置为"0"，【动画】设置为"线性 400ms"。

④ 添加【旋转】动作，目标选择"按钮"，【旋转】设置为"逆时针到 45 度"，【锚点】设置为"中心"，【动画】设置为"线性"，【时间】设置为"400ms"。

Step2：对"按钮"添加交互动作如下。

【单击时】Case2：

添加条件判断，如果"工具栏 1"的【元件可见性】=【真】。

（1）移动前的缓冲过程。

① 添加【移动】动作，目标选择"按钮"，【x】设置为"230"，【y】设置为"252"，【动画】设置为"线性 200ms"。

② 添加【等待】动作，【等待】"200ms"。

③ 添加【移动】动作，目标选择"按钮"，【x】设置为"250"，【y】设置为"252"。

（2）移动"按钮"，并缩小"工具栏 1"。

① 添加【移动】动作，目标选择"按钮"，【x】设置为"430"，【y】设置为"250"，【动画】设置为"线性 400ms"。

② 添加【设置尺寸】动作，目标选择"工具栏 1"，【x】设置为"50"，【y】设置为"52"，【锚点】设置为"中心"，【动画】设置为"线性 400ms"。

③ 添加【移动】动作，目标选择"工具栏 2"，【x】设置为"–180"，【y】设置为"0"，【动画】设置为"线性 400ms"。

④ 添加【旋转】动作，目标选择"按钮"，【旋转】设置为"顺时针过 45 度"，【锚点】设置为"中心"，【动画】设置为"线性"，【时间】设置为"400ms"。

⑤ 添加【隐藏】动作，目标选择"工具栏 1"，设置为"隐藏"。

【实例总结】

很多网站中会把不常用的功能收起，以避免占用过多的空间。在展开与收起的过程中，如果增加较为流畅的交互体验，不仅可以提高功能入口的转化率，减少用户在功能转场中的等待感知时长，还可以提升产品的交互体验。

本实例中，工具栏的展开效果还有很多其他方式，可以根据产品的布局、内容的多少进行调整，还可以设置展开和收起的形状和大小。

3.3.4 下载按钮单击效果反馈

下载按钮点击
效果反馈

对于简单的产品流程，我们可以在当前控件中完成整个交互效果，如下载功能可以放在"DOWNLOAD"按钮中完成整个流程，与弹窗、浮层、wording 的反馈效果相比，减少了突兀的功能效果，并且可让用户的注意力集中在同一个位置，是一种不错的体验方式。

【实例 3-7】设计下载按钮单击效果反馈。

【实例效果】

如图 3-50 所示，一个"DOWNLOAD"按钮有正常状态、按下状态、成功状态这 3 种状态。当鼠标按下时，背景颜色发生变化，并且"DOWNLOAD"字号变大；鼠标松开后，背景会向右有一个颜色变化的效果。背景颜色变化完成后，最终变成成功状态。

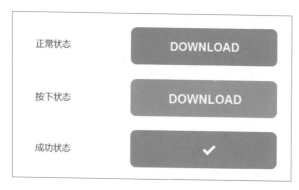

图 3-50

【实例准备】

（1）如图 3-51 所示，准备一个自定义名称为"背景"的动态面板。作为按钮的背景，其中有两个不同颜色的状态：正常状态、按下状态。

（2）如图 3-52 所示，准备一个自定义名称为"文字"的动态面板。作为按钮中的文字，其中有 3 个不同的状态：正常状态、按下状态、成功状态。

图 3-51

图 3-52

（3）增加一个不透明度为"10"、颜色为灰色的矩形，自定义名称为"浮层"，将其大小设置为与背景相同。

【设计思路】

（1）当用鼠标单击正常状态下的按钮时，"背景"面板切换状态，变换颜色，"文字"面板切换状态，文字变大。

（2）之后需要有一个背景颜色从左向右变化的过程，代表着 download 的过程。此时，就无法通过动态面板进行直接操作了，因为是附着在背景颜色上层进行的移动，所以此时需要新增一个矩形的"浮层"协助实现此效果。

（3）从上到下的元件层级依次为："文字"动态面板、"浮层"矩形、"背景"动态面板。

（4）最终要在最上层新增一个热区，发挥单击作用。

【操作步骤】

选中最上层的"热区"控件，如图 3-53 所示。添加交互动作如下。

图 3-53

【单击时】：

① 添加【设置面板状态】动作，目标选择"背景"动态面板，状态设置为"放大"。

② 添加【设置面板状态】动作，目标选择"文字"动态面板，状态设置为"放大"。

③ 添加【等待】动作，等待"250ms"。

④ 添加【设置面板状态】动作，目标选择"文字"动态面板，状态设置为"正常"。

⑤ 添加【设置面板状态】动作，目标选择"背景"动态面板，状态设置为"正常"。

⑥ 添加【等待】动作，等待"250ms"。

⑦ 添加【显示】动作，目标选择"浮层"矩形，【可见性】设置为"显示"，【动画】设置为"向右滑动 1000 毫秒"。

⑧ 添加【等待】动作，等待"1000ms"。

⑨ 添加【设置面板状态】动作，目标选择"文字"动态面板，设置状态为"成功"，【动画】设置为"向上滑动进入 250 毫秒"。

⑩ 添加【等待】动作，等待"1000ms"。

⑪ 添加【隐藏】动作，目标选择"浮层"矩形，【可见性】设置为"隐藏"。

⑫ 添加【设置面板状态】动作，目标选择"文字"动态面板，状态设置为"正常"。

【实例总结】

本实例中的"DOWNLOAD"按钮实现了按下效果、下载效果、完成效果的整个闭环功能流程。当用户单击"DOWNLOAD"按钮时，用户的目光会停留在按钮上，会使整个流程更为流畅，大大减少了理解成本，从而减少了对话框、浮层、提示等样式的反馈。如果采用对话框反馈或提示样式，会让产品的流程与流程之间产生割裂，用户还要去理解一遍设计逻辑，增加用户的学习成本。

3.3.5　面板跟随鼠标方向滑动

在 Web 端进行多图展示时，鼠标悬浮在图片上时展示内容详情是常见操作，转场动画也会根据产品的不同而采用不同的方式。如果内容不多，并且强调详情，可以使用放大、缩小的展示效果；如果图片内容很多，并且详情内容不多，可以使用跟随鼠标方向展示浮层内容的效果；如果需要强调详情，可以将图片翻转，展示详情内容，这样看不到之前的图片内容。

面板跟随鼠标
方向滑动

【实例 3-8】设计面板跟随鼠标方向滑动。

【实例效果】

如图 3-54 所示，在 Web 端列表中展示不同的图片列表。当鼠标移入图片时，会展示图片的简介内容，以白色文字显示反馈信息，并伴有遮罩效果。

图 3-54

鼠标移入图片时，浮层会跟随鼠标移入方向，移入并展示内容；鼠标移出图片时，浮层会跟随鼠标移出方向，移出并隐藏内容。

例如，鼠标从图片左侧向右移入图片时，浮层会从左向右滑动展示；鼠标从图片的右侧向右移出图片时，浮层会从左向右滑动隐藏。

【实例准备】

（1）新增一个自定义名称为"主面板"的动态面板，设置尺寸为 350 像素 ×220 像素，如图 3-55 所示。

图 3-55

（2）"主面板"中只有一个状态，将图片与浮层都放置在其中。

（3）在"主面板"中，重合放置图 3-56 所示的"背景图片"和"浮层"的组合，起始位置位于（0,0），尺寸都为 350 像素 ×220 像素，"浮层"的层级在"背景图片"的上层。

图 3-56

（4）"浮层"组合由白色的文字和淡灰色透明背景组成，"浮层"组合默认为隐藏状态。

（5）在"主面板"的动态面板四周，放置四个用于检测鼠标移入 / 移出方向的矩形，自定义名称为"上""下""左""右"，如图 3-57 所示，并且矩形要有部分区域在"主面板"的上方，层级在"主面板"的上一层。

图 3-57

【设计思路】

（1）默认状态下，图片静态展示，鼠标移入时会"浮层"在图片的上方。所以，默认状态下"浮层"组合是隐藏的状态，当鼠标移入时，显示"浮层"组合。

（2）鼠标移入时，需要"浮层"组合跟随鼠标的移入方向移动显示；鼠标移出时，需要"浮层"组合跟随鼠标的移出方向移动隐藏。

（3）效果已经确定了，那么如何触发"浮层"移动的方向呢？因为 Axure 任何的元件都没有判断鼠标移入方向的交互事件，所以需要借助"主面板"四周的矩形来判断鼠标的移入和移出方向。

（4）如何借助"主面板"四周的矩形来判断鼠标的移入和移出方向呢？对于"主面板"来说，借助于【鼠标移入时】交互事件，并且增加判断条件：如果接触到"上""下""左""右"这 4 个矩形，则向对应的方向滑动显示；当【鼠标移出时】时，增加判断条件：如果接触到"上""下""左""右"这 4 个矩形，则向对应的方向滑动隐藏。

【操作步骤】

如图 3-58 所示。

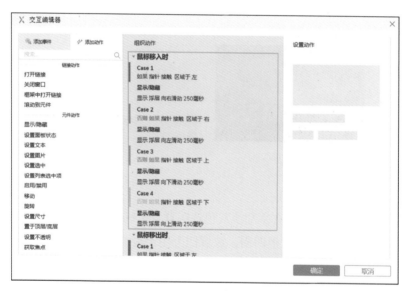

图 3-58

Step1：选中主面板，添加交互动作如下。

【鼠标移入时】Case1：

① 添加条件判断，如图 3-59 和图 3-60 所示，如果"指针"【接触】【元件范围】"左"时。

② 添加【显示】动作，目标选择"浮层"，【可见性】设置为"显示"，【动画】设置为"向右滑动 250 毫秒"。

【鼠标移入时】Case2：

① 添加条件判断，如果"指针"【接触】【元件范围】"右"时。

② 添加【显示】动作，目标选择"浮层"，【可见性】设置为"显示"，【动画】设置

为"向左滑动 250 毫秒"。

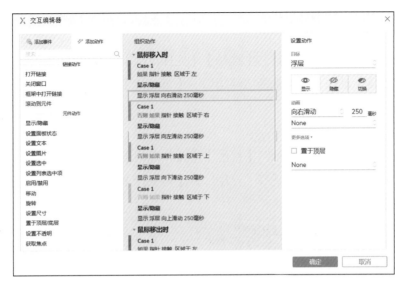

图 3-59

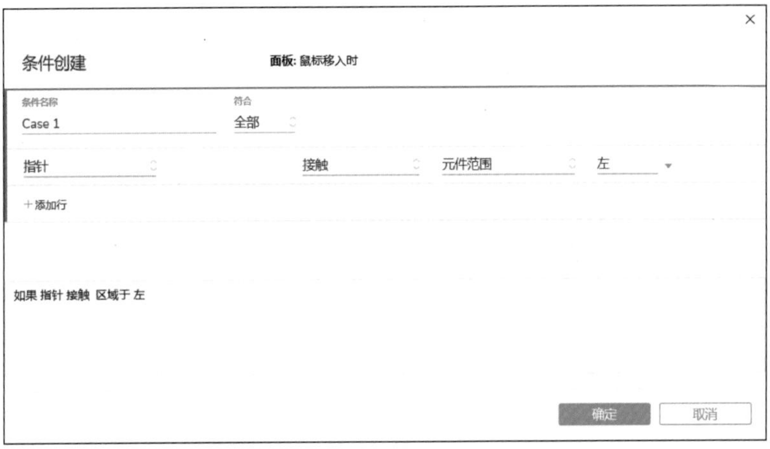

图 3-60

【鼠标移入时】Case3：

① 添加条件判断，如果"指针"【接触】【元件范围】"上"时。

② 添加【显示】动作，目标选择"浮层"，【可见性】设置为"显示"，【动画】设置
"向下滑动 250 毫秒"。

【鼠标移入时】Case4：

① 添加条件判断，如果"指针"【接触】【元件范围】"下"时。

② 添加【显示】动作，目标选择"浮层"，【可见性】设置为"显示"，【动画】设置
为"向上滑动 250 毫秒"。

Step2：选中主面板，添加交互动作如下。

【鼠标移出时】Case1：

① 添加条件判断，如果"指针"【接触】【元件范围】"左"时。

② 添加【隐藏】动作，目标选择"浮层"，【可见性】设置为"隐藏"，【动画】设置为"向左滑动 250 毫秒"。

【鼠标移出时】Case2：

① 添加条件判断，如果"指针"【接触】【元件范围】"右"时。

② 添加【隐藏】动作，目标选择"浮层"，【可见性】设置为"隐藏"，【动画】设置为"向右滑动 250 毫秒"。

【鼠标移出时】Case3：

① 添加条件判断，如果"指针"【接触】【元件范围】"上"时。

② 添加【隐藏】动作，目标选择"浮层"，【可见性】设置为"隐藏"，【动画】设置为"向上滑动 250 毫秒"。

【鼠标移出时】Case4：

① 添加条件判断，如果"指针"【接触】【元件范围】"下"时。

② 添加【隐藏】动作，目标选择"浮层"，【可见性】设置为"隐藏"，【动画】设置为"向下滑动 250 毫秒"。

Step3： 选中"主面板"动态面板和"上""下""左""右"4 个矩形，复制这 5 个元件，粘贴成多份，摆放在页面中，如图 3-54 所示。

【实例总结】

在 Web 端图片 feed 流展示中，鼠标的移入和移出过程会被频繁使用。在页面中加入鼠标移入和移出的交互效果，将会让人机交互过程更为友好。

在本实例中，鼠标移入后，可以展示出和图片相关的信息或操作项，如"标题、简介、下载、点赞、分享"等内容，把一些操作和展示放在了鼠标悬浮过程中来做，非常态显示的目的是精简了页面展示信息，并且增加了操作时的反馈，保证了功能。

实战练习

如图 3-61 所示，设计在移动端产品中通过单击右上角的"+"按钮，实现"添加浮层"的显示与收回效果。

图 3-61

Chapter

04

第 4 章
移动端常见效果的制作

4.1 图片平滑过渡效果

图片平滑过渡
效果

【实例 4-1】设计图片平滑过渡效果。

【实例效果】

在图 4-1 所示的图文并茂的列表项中，单击其中一张图片后，该图片平滑过渡到图 4-2 所示的详情页面中。

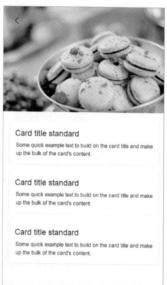

| 图 4-1 | 图 4-2 |

【实例准备】

（1）添加一个动态面板，自定义名称为"图片平滑过渡面板"，如图 4-3 所示。

图 4-3

（2）面板中有两个状态："列表"和"详情"。

（3）在"详情"状态中，新增"图片面板"和 3 个卡片面板。自定义 3 个卡片面板的名称分别为："卡片 1""卡片 2""卡片 3"，如图 4-4 所示。

（4）如图 4-5 所示，在"图片面板"中新增 4 个状态，分别放入"图片 1""图片 2""图片 3""图片 4"的，缩略图尺寸为 180 像素 ×180 像素。

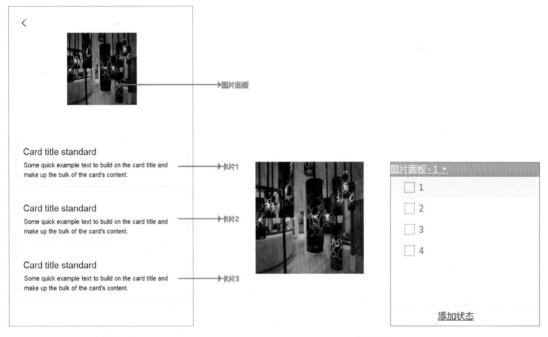

图 4-4　　　　　　　　　　　　　　　　图 4-5

【设计思路】

（1）如图 4-1 所示，单击图片位置，图片平滑地滑动到图 4-2 所示的详情页面。如果需要切换动态面板，则需要在"详情"状态中放置相同的图片，并且产生滑动效果。

（2）在"详情"状态中，增加"图片面板"，模拟在"列表"状态中已经单击的图片。

（3）将"详情"状态中的"图片面板"移动到"列表"状态中单击图片的位置。

（4）切换"图片平滑过渡面板"的状态，由"列表"状态切换到"详情"状态。

（5）为了得到平滑过渡的效果，单击"图片 1"和"图片 3"，在图片放大之前，需要从当前图片位置移动到坐标为（1，121）的位置，动画选择"线性"，时间为 500ms。（这个位置是"详情"状态中上方图片的左下角），再平滑放大。

（6）同理，单击"图片 2"和"图片 4"，在图片放大之前，需要从当前图片位置移动到坐标为（298，121）的位置，动画为线性，时间为 500ms，再平滑放大。

（7）设置"图片面板"为【自动调整为内容尺寸】。

（8）单击"图片 1"和"图片 3"时，设置"图片面板"中相应图片的大小为 478 像素 ×300 像素，锚点设置为左下角，线性 500ms。至此，已经完成了图片平滑过渡效果。

（9）为了使图片更加平滑地切换到"详情"状态，不致很突兀，依次显示"卡片 1""卡片 2""卡片 3"向上滑动，滑动时长为 500ms，滑动间隔为 250ms。

（10）在"详情"状态中，单击"返回"按钮，将"图片平滑过渡面板"切换到"列表"状态，并且还原"图片面板"中的图片尺寸为 180 像素 × 180 像素。为了展示效果更流畅，隐藏"卡片 1""卡片 2""卡片 3"。

（11）在【页面载入时】，隐藏"卡片 1""卡片 2""卡片 3"，便于切换页面时展示"卡片 1""卡片 2""卡片 3"向上滑动的显示效果。

【操作步骤】

Step1: 在"图片平滑过渡面板"中选择"列表"状态，为所有图片增加单击事件，如图 4-6 所示，选中"图片 1"，添加交互动作如下。

【单击时】：

① 设置"图片平滑过渡面板"的状态为"详情"状态。

② 设置"图片面板"（如图 4-5 所示）的状态为"1"。

③ 移动"图片面板"位置到（40,80）。

④ 移动"图片面板"位置到（1,121），"线性 500ms"。

⑤ 设置"图片面板"中"图片 1"的尺寸为 478 像素 × 300 像素，"线性 500 毫秒"，锚点设置为"左下"角。

⑥ 等待 250ms。

⑦ 显示"卡片 1""向上滑动 500 毫秒"。

⑧ 等待 250ms。

⑨ 显示"卡片 2""向上滑动 500 毫秒"。

⑩ 等待 250ms。

⑪ 显示"卡片 3""向上滑动 500 毫秒"。

图片1

图 4-6

Step2：如图 4-7 所示，选中"图片 2"，添加交互动作如下。

【单击时】：

① 设置"图片平滑过渡面板"的状态为"详情"状态。

② 设置"图片面板"（如图 4-5 所示）的状态为"2"。

③ 移动"图片面板"位置到（260,80）。

④ 移动"图片面板"位置到（298,121），"线性 500ms"。

⑤ 设置"图片面板"中"图片 2"的尺寸为 478 像素 ×300 像素，"线性 500 毫秒"，锚点设置为"右下"角。

⑥ 等待 250ms。

⑦ 显示"卡片 1""向上滑动 500 毫秒"。

⑧ 等待 250ms。

⑨ 显示"卡片 2""向上滑动 500 毫秒"。

⑩ 等待 250ms。

⑪ 显示"卡片 3""向上滑动 500 毫秒"。

图 4-7

Step3：如图 4-8 所示，选中"图片 3"，添加交互动作如下。

【单击时】：

① 设置"图片平滑过渡面板"的状态为"详情"状态。

② 设置"图片面板"（如图 4-5 所示）的状态为"3"。

③ 移动"图片面板"位置到（40,310）。

④ 移动"图片面板"位置到（1,121），"线性 500ms"。

⑤ 设置"图片面板"中"图片 3"的尺寸为 478 像素 ×300 像素，"线性 500 毫秒"，锚点设置为"左下"角。

⑥ 等待 250ms。

⑦ 显示"卡片 1""向上滑动 500 毫秒"。

⑧ 等待 250ms。

⑨ 显示"卡片 2""向上滑动 500 毫秒"。

⑩ 等待 250ms。

⑪ 显示"卡片 3""向上滑动 500 毫秒"。

图片3

图 4-8

Step4：如图 4-9 所示，选中"图片 4"，添加交互动作如下。

图片4

图 4-9

【单击时】：

① 设置"图片平滑过渡面板"的状态为"详情"状态。

② 设置"图片面板"（如图 4-5 所示）的状态为"4"。

③ 移动"图片面板"位置到（260,310）。

④ 移动"图片面板"位置到（298,121），"线性 500ms"。

⑤ 设置"图片面板"中"图片 4"的尺寸为 478 像素 ×300 像素，"线性 500 毫秒"，
锚点设置为"右下"角。

⑥ 等待 250ms。

⑦ 显示"卡片 1""向上滑动 500 毫秒"。

⑧ 等待 250ms。

⑨ 显示"卡片 2""向上滑动 500 毫秒"。

⑩ 等待 250ms。

⑪ 显示"卡片 3""向上滑动 500 毫秒"。

Step5： 如图 4-10 所示，选择"详情"状态中左上角的"返回"按钮，添加交互动作如下。

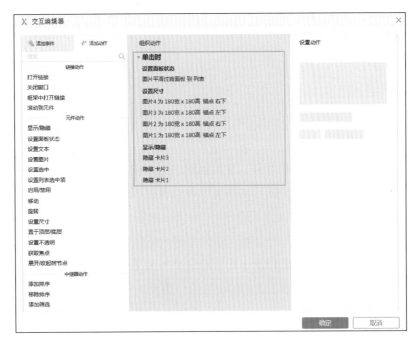

图 4-10

【单击时】：

① 设置"图片平滑过渡面板"的状态为"列表"状态。

② 设置图片 4 的尺寸为 180 像素 ×180 像素，锚点设置为"右下"角。

③ 设置图片 3 的尺寸为 180 像素 ×180 像素，锚点设置为"左下"角。

④ 设置图片 2 的尺寸为 180 像素 ×180 像素，锚点设置为"右下"角。

⑤ 设置图片 1 的尺寸为 180 像素 ×180 像素，锚点设置为"左下"角。

⑥ 隐藏"卡片 3"。

⑦ 隐藏"卡片 2"。

⑧ 隐藏"卡片 1"。

Step6： 如图 4-11 所示，在【页面载入时】，隐藏"卡片 3""卡片 2""卡片 1"。

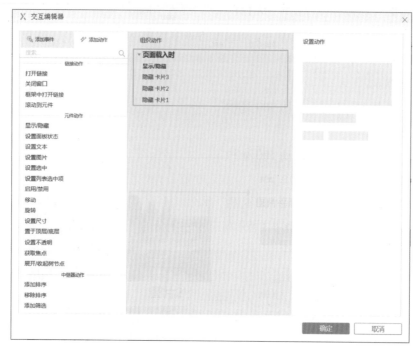

图 4-11

【实例总结】

图片平滑过渡效果可以让我们看到，在页面跳转过程中不用非常生硬地跳转，也不用从右向左滑动页面，而是在用户单击图片的位置时将图片平滑地线性移动和放大，在体验流畅的同时，吸引了用户的注意力，减少了用户对于转场的感知时长。如果是购物或支付页面，这样的设计一定会提高购买量或支付金额，减少当前页面的用户流失率。

使用 Axure 将此效果设计出来有助于我们验证交互效果，理解效果的实现方式和逻辑，并且在之后的产品交互设计中开拓了我们的交互设计思路。

4.2 进度条拖动效果

进度条拖动
效果

【实例 4-2】设计进度条拖动效果。

【实例效果】

初始状态如图 4-12 所示。

图 4-12

（1）单击"开始"按钮，会从左向右开始移动白色进度条。

（2）用鼠标单击进度条，可以定位到鼠标单击位置。

（3）白色进度条将拖动到鼠标单击的位置。

（4）进度条移动过程中，基于当前进度时间，按照移动比例进行准确定位，如图 4-13 所示。

图 4-13

【实例准备】

如图 4-14 所示，准备"开始"按钮和"暂停"按钮，分别放在自定义名称为"开始""暂停"的两个状态中。

（1）放置名称为"进度条"的动态面板，长度设置为 500 像素。其中，黑色部分为背景，宽度为 480 像素，表示未播放的区域，如图 4-15 所示。

图 4-14

图 4-15

（2）白色部分是名称为"白色进度条"的动态面板，起始位置为（-490,0），宽度为 500 像素。"白色进度条"的作用是表示当前的播放进度。

【设计思路】

（1）需要实时监测"白色进度条"的位置，在播放过程中时间显示会根据进度条的位置变化而变化。

（2）播放过程中，"白色进度条"的位置会一直发生变化，所以需要借助一个不断循环的"动态面板"进行监测，并且通过"动态面板"的【状态改变时】来【移动】"白色进度条"的位置。

（3）在"开始暂停"动态面板中设置"开始"按钮和"暂停"按钮的【单击时】用例，以控制"循环面板"的开始 / 暂停【设置面板状态】。

（4）选中"开始"按钮时，添加用例【单击时】，添加【设置面板状态】动作，勾选"循环面板"，【状态】设置为"Next"，向后循环，设置循环间隔为"100 毫秒"。

（5）需要 48s 的时间完成"480"距离的移动，则 1s 时间完成"10"距离的移动，设置循环间隔为"100 毫秒"，所以每次在"循环面板"【状态改变时】，需要向右移动"白色进度条""1"距离。

（6）设置"循环面板"的【状态改变时】，【移动】"白色进度条"的位置，【经过】向右为"1"的距离。这样就完成了播放过程中"白色进度条"自动向右移动的过程。

（7）保证移动和拖动效果的流畅性，设置"白色进度条"的左右边界，左边界为"-490"，右边界为"500"。

（8）在"白色进度条"自动向右移动的过程中，需要实时准确计算时间。因"白色进度条"的起始位置是（－490,0），1s 时间向右移动"10"的距离，所以需调用数学函数，时间等于"[[Math.floor((LVAR1.x+490)/10)]]"。其中，LVAR1 是"白色进度条"元件。

（9）鼠标单击"进度条"动态面板，如图 4-15 所示，可以移动"白色进度条"面板到鼠标当前位置，调用元件函数"（[[Cursor.x-97-490]]，0）"。其中，"97"为"进度条"动态面板的起始坐标，"490"为"白色进度条"的起始坐标，需要减去相对位置差，才能准确地让"白色进度条"移动到鼠标当前单击位置。

【操作步骤】

Step1：如图 4-16 所示，选中"开始"按钮，添加交互动作如下。

【单击时】：

① 添加【设置面板状态】动作，目标选择"开始暂停"动态面板，【状态】设置为"暂停"。

② 添加【设置面板状态】动作，目标选择"循环面板"动态面板，【状态】设置为"下一项"，勾选"循环"，设置循环间隔为"100 毫秒"。

图 4-16

Step2：如图 4-17 所示，选中"暂停"按钮，添加交互动作如下。

【单击时】：

① 添加【设置面板状态】动作，目标选择"开始暂停"动态面板，【状态】设置为"开始"。

② 添加【设置面板状态】动作，目标选择"循环面板"动态面板，【状态】设置为"停止循环"。

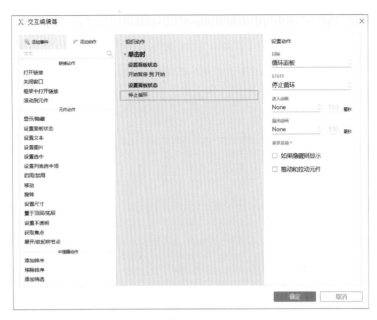

图 4-17

Step3: 如图 4-18 所示，选择"循环面板"动态面板，添加交互动作如下。

【状态改变时】Case1：

① 添加【移动】动作，目标选择"白色进度条"面板，【移动经过】设置【x】为"1"、【y】为"0"的距离，【动画】设置为"线性 10ms"。【边界】为"左侧 >=-490"，"右侧 <=500"。

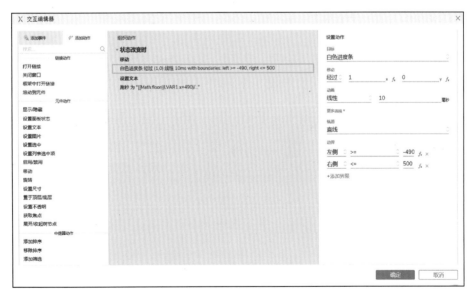

图 4-18

② 如图 4-19 所示，添加【设置文本】动作，目标选择"跑秒"矩形，设置文本为【值】"[[Math.floor((LVAR1.x+490)/10)]]"。

③ 如图 4-20 所示，"LVAR1"取自【元件】"白色进度条"。

Step4：选择"进度条"动态面板，添加交互动作如下。

【单击时】Case1：添加【移动】动作，目标选择"白色进度条"，【移动】为"到达"，【x】为"[[Cursor.x–97–490]]"，【y】为"0"的位置，如图 4–21 所示。

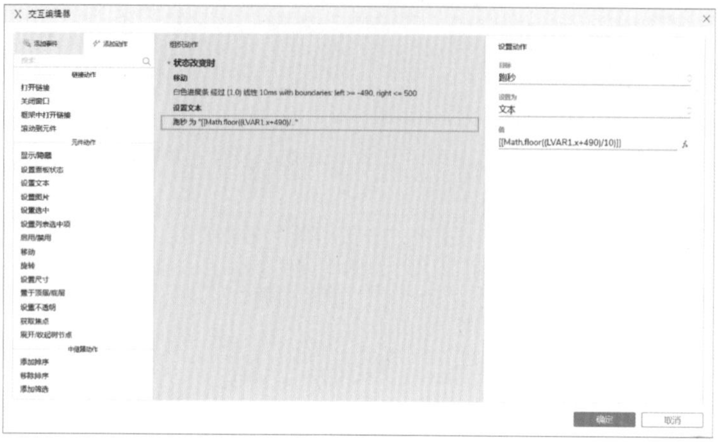

图 4–19

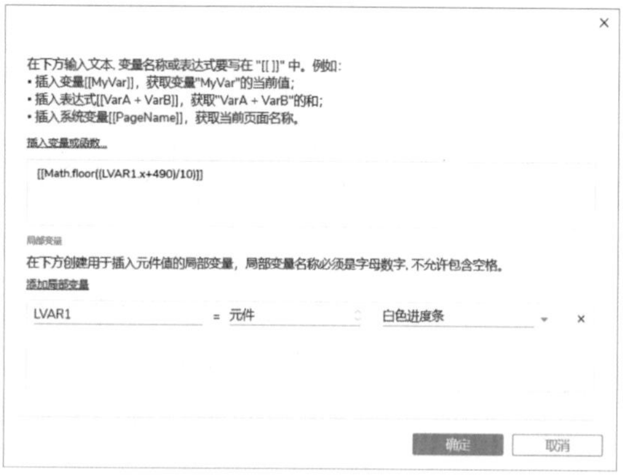

图 4–20

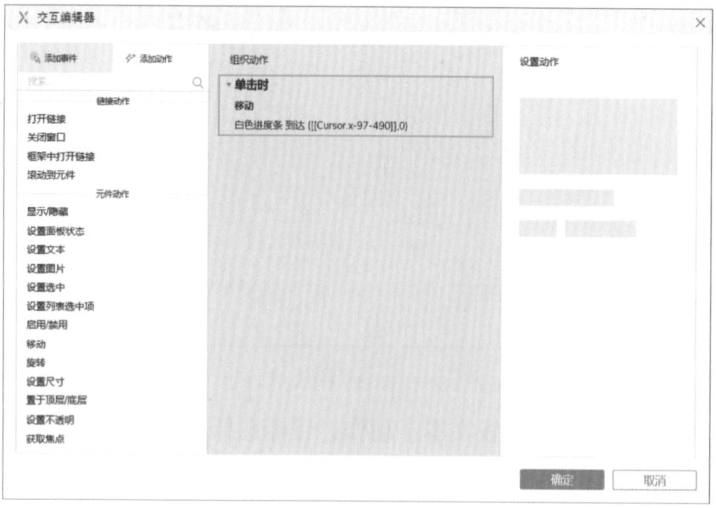

图 4–21

Step5：如图 4-22 所示，选择"白色进度条"动态面板，添加交互动作如下。

【拖动时】Case1：添加【移动】动作，目标选择"白色进度条"，【移动】为"跟随水平拖动"，【边界】为"左侧 >=-490"，"右侧 <=500"。

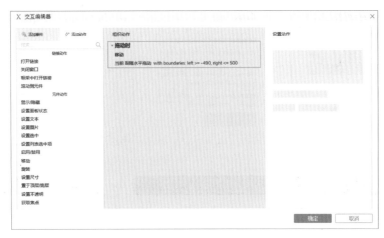

图 4-22

【实例总结】

通过进度条拖动效果案例，我们可以了解音乐、视频播放器中的交互原理，设计单击、拖动、自动播放 3 种交互效果，并且每一种交互效果都要与进度位置、时间信息联动。

如果需要实时地、持续地检测某些动作和事件，可利用"循环面板"，通过不停地改变面板状态来实现。

4.3　控件向不同方向翻转效果

控件向不同方向翻转

【实例 4-3】设计控件向不同方向翻转效果。

【实例效果】

如图 4-23 所示，左侧图片为在手机端 App 中展示"图片 + 标题 + 简介"的卡片样式信息，通过单击操作，卡片区域翻转为右侧展示样式，以展示信息详情。

在卡片中，通过单击事件，从列表切换为详情的转场动画有多种。而在 App 中，可以判断当前手指单击的位置，单击不同的位置，可以设置不同的转场动画方向。例如，单击卡片上方区域，则卡片的转场动画【向上翻转】，切换到"详情"页面。

【实例准备】

（1）图 4-24 所示为一个手机端 App 的背景图片。

（2）如图 4-25 所示，放置一个 318 像素 ×330 像素的动态面板，自定义名称为"卡片"。

（3）在"卡片"动态面板中有两个状态："列表"和"详情"，如图 4-26 所示，尺寸都设置为 318 像素 ×330 像素。

 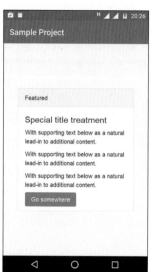 

图 4-23   图 4-24

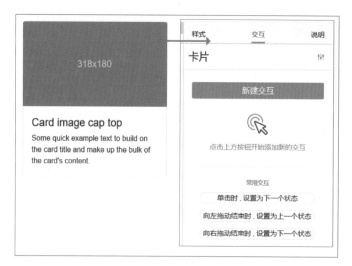

图 4-25

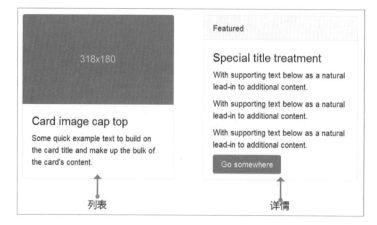

图 4-26

（4）在"卡片"动态面板的"列表"状态中，如图 4-27 所示，内容层级的上层放置 4 个热区，分别命名为："列表 – 上""列表 – 下""列表 – 左""列表 – 右"。设置 4 个热区的目的是为了区别单击位置，单击不同的位置，转场动画的方向是不同的。

（5）在"卡片"动态面板的"详情"状态中，如图 4-28 所示，内容层级的上层放置 4 个热区，分别命名为："详情 – 上""详情 – 下""详情 – 左""详情 – 右"。设置 4 个热区的目的是为了区别单击位置，单击不同的位置，转场动画的方向是不同的。

图 4-27

图 4-28

【设计思路】

（1）切换页面中的内容，选择包含"列表""详情"两个状态的动态面板，使用"动态面板切换状态"来实现内容的切换。

（2）转场动画需要使用翻转效果，只需在切换动态面板的过程中，进入和退出动画效果选择翻转动画。

（3）需要通过单击面板内容的不同位置来确定不同的翻转方向。在不同的位置放置热区元件，从而实现单击不同位置的热区，翻转的方向也不同。

【操作步骤】

Step1：选择"卡片"动态面板状态中的"列表"状态，在"列表 – 上"热区中添加交互动作如下，如图 4-29 所示。

【单击时】：添加【设置面板状态】动作，目标选择"卡片"动态面板，【状态】设置为"详情"，【进入动画】设置为"向上翻转"，【时间】设置为"500 毫秒"；【退出动画】设置为"向上翻转"，【时间】设置为"500 毫秒"。

Step2：选择"卡片"动态面板状态中的"列表"状态，在"列表 – 下"热区中添加交互动作如下。

【单击时】：添加【设置面板状态】动作，目标选择"卡片"动态面板，【状态】设置为"详情"。【进入动画】设置为"向下翻转"，【时间】设置为"500 毫秒"；【退出动画】设置为"向下翻转"，【时间】设置为"500 毫秒"。

Step3：选择"卡片"动态面板状态中的"列表"状态，在"列表 – 左"热区中添加交互动作如下。

【单击时】：添加【设置面板状态】动作，目标选择"卡片"动态面板，【状态】设置为"详情"，【进入动画】设置为"向左翻转"，【时间】设置为"500 毫秒"；【退出动画】设置为"向左翻转"，【时间】设置为"500 毫秒"。

Step4：选择"卡片"动态面板状态中的"列表"状态，在"列表 – 右"热区中添加交互动作如下。

【单击时】：添加【设置面板状态】动作，目标选择"卡片"动态面板，【状态】设置为"详情"，【进入动画】设置为"向右翻转"，【时间】设置为"500 毫秒"；【退出动画】设置为"向右翻转"，【时间】设置为"500 毫秒"。

图 4–29

Step5：选择"卡片"动态面板状态中的"详情"状态，在"详情 – 上"热区中添加交互动作如下。

【单击时】：添加【设置面板状态】动作，目标选择"卡片"动态面板，【状态】设置为"列表"，【进入动画】设置为"向上翻转"，【时间】设置为"500 毫秒"；【退出动画】设置为"向上翻转"，【时间】设置为"500 毫秒"。

Step6：选择"卡片"动态面板状态中的"详情"状态，在"详情 – 下"热区中添加交互动作如下。

【单击时】：添加【设置面板状态】动作，目标选择"卡片"动态面板，【状态】设置为"列表"，【进入动画】设置为"向下翻转"，【时间】设置为"500 毫秒"；【退出动画】设置为"向下翻转"，【时间】设置为"500 毫秒"。

Step7：选择"卡片"动态面板状态中的"详情"状态，在"详情 – 左"热区中添加交互动作如下。

【单击时】：添加【设置面板状态】动作，目标选择"卡片"动态面板，【状态】设置为"列表"，【进入动画】设置为"向左翻转"，【时间】设置为"500 毫秒"；【退出动画】

设置为"向左翻转"，【时间】设置为"500毫秒"。

　　Step8：选择"卡片"动态面板状态中的"详情"状态，在"详情 – 右"热区中添加交互动作如下。

　　【单击时】：添加【设置面板状态】动作，目标选择"卡片"动态面板，【状态】设置为"列表"，【进入动画】设置为"向右翻转"，【时间】设置为"500毫秒"；【退出动画】设置为"向右翻转"，【时间】设置为"500毫秒"。

　　【实例总结】

　　我们在设计移动端的产品交互效果时要充分考虑终端的使用场景，移动端最好的交互动作是左滑、右滑，其次是单击效果。在本实例中，如果是在当前列表项中有多张图片内容需要切换展示，那么左右滑动的效果最佳，因为是并列的产品层级。如果产品层级是递进关系，转场动画使用翻转效果，即为用户呈现进入的视觉效果，从而在交互效果中体现产品的流程。

4.4　导航栏中切换账号效果

　　【实例 4–4】设计导航栏中切换账号效果。

　　【实例效果】

　　（1）默认状态如图 4–30 所示，展示移动端 App 列表内容，左上角放置一个"菜单"按钮。

　　（2）单击左上角的"菜单"按钮，如图 4–31 所示，从左侧滑出"导航"，并伴有遮罩效果。

　　（3）单击"导航栏"左上角的"切换账号"按钮，从左侧弹出"选择账号栏"，并且推动"导航栏"向右滑动，如图 4–32 所示。

导航栏中切换
账号效果

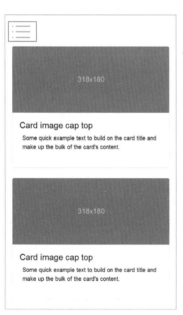

图 4–30　　　　　　　　　图 4–31　　　　　　　　　图 4–32

（4）在"选择账号栏"中单击其他账号头像，可以直接切换到该账号。

（5）单击遮罩位置，页面还原到默认状态。

【实例准备】

（1）如图 4-33 所示，在"头像选择面板"中，展示"已登录账号"和"添加账号"入口，"头像选择面板"的尺寸设置为 120 像素 ×800 像素，位于与"内容面板"相同的起始位置（512,50），【层级】置于"底层"，【可见性】设置为"隐藏"。

图 4-33

（2）在"头像选择面板"中，默认放置两个头像，其中一个自定义名称为"小起起头像"，放置在（30，23）位置处，尺寸设置为 60 像素 ×60 像素；另外一个"小点点头像"放置在（30，108）位置处，尺寸设置为 60 像素 ×60 像素。

（3）在"导航栏"中，展示头像、昵称、导航功能入口等信息，设置动态面板尺寸为 300 像素 ×800 像素，位于与"内容面板"相同的起始位置（512,50），【层级】置于"底层"，【可见性】设置为"隐藏"。

（4）在"内容面板"中，设置动态面板的尺寸为 480 像素 ×800 像素，位置为（512,50），【层级】置于"顶层"，【可见性】设置为"可见"。

（5）如图 4-34 所示，在"内容面板"中，有"正常"和"遮罩"两个状态。

（6）如图 4-35 所示，在"导航栏"面板中，头像位置放置动态面板，自定义名称为"头像"，其中有两个状态："小起起"和"小点点"，分别放置两张头像图片，"头像"面板的尺寸设置为 100 像素 ×100 像素。

【设计思路】

（1）单击"内容面板"左上角的"菜单"按钮，显示"导航栏"，将"导航栏"置于顶层，并且从左向右滑动出现，"内容面板"伴有遮罩效果。

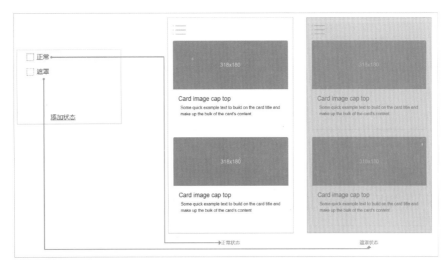

图 4-34

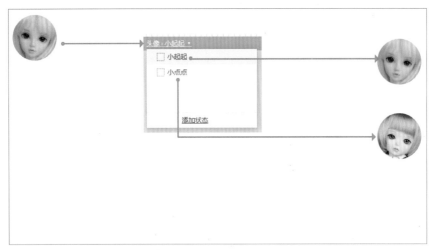

图 4-35

（2）单击"导航栏"左上角的"切换账号"按钮，显示"头像选择面板"。将"头像选择面板"置于顶层，并且从左向右滑动出现，具有推动效果，推动右侧的"导航栏"面板向右滑动。

（3）单击"头像选择面板"中的头像，可以切换当前登录的账号。

（4）"头像选择面板"出现时会推动"导航栏"面板，推动的原理是向右推动当前所有元件。采用"向右推动"效果时，"内容面板"的水平起始位置要比"头像选择面板"的水平起始位置小一个像素。

【操作步骤】

Step1：如图 4-36 所示，选中"内容面板"状态中左上角的"菜单"按钮，添加交互动作如下。

【单击时】：添加【设置面板状态】动作，目标选择"内容面板"动态面板，【状态】设置为"遮罩"。

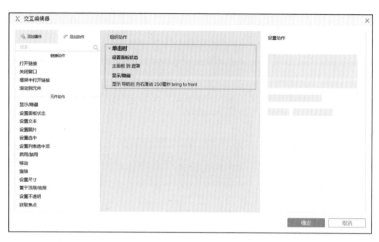

图 4-36

Step2：选中"内容面板"状态中左上角的"菜单"按钮，添加交互动作如下。

【单击时】：添加【显示】动作，目标选择"导航栏"，【可见性】设置为"显示"，【动画】设置为"向右滑动"，【时间】设置为"250 毫秒"，勾选【bring to front】复选框。

Step3：如图 4-37 所示，选中"导航栏"状态中左上角的"切换账号"按钮，添加交互动作如下。

【单击时】：添加【显示】动作，目标选择"头像选择面板"，【可见性】设置为"显示"，【动画】设置为"向右滑动"，【时间】设置为"250 毫秒"，勾选【bring to front】复选框，【更多选项】设置为"推动元件"，【方向】设置为"右侧"，【动画】设置为"线性"，【时间】设置为"250ms"。

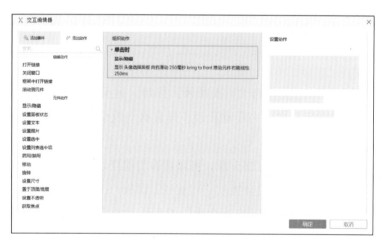

图 4-37

Step4：如图 4-38 所示，选中"头像选择面板"状态中的"小起起头像"图片，添加交互动作如下。

【单击时】：

① 添加【移动】动作，目标选择"小点点头像"，【移动】为"到达"，【x】值为"30"，

【y】值为"108"，【动画】设置为"线性"，【时间】设置为"250ms"。

② 添加【移动】动作，目标选择"小起起头像"，【移动】为"到达"，【x】值为"30"，
【y】值为"23"，【动画】设置为"线性"，【时间】设置为"250ms"。

③ 添加【设置面板状态】动作，目标选择"头像"动态面板。【状态】为"小起起"，
【进入动画】设置为"逐渐"，【时间】设置为"500毫秒"，【退出动画】设置为"逐
渐"，【时间】设置为"250ms"。

④ 添加【设置文本】动作，目标选择"姓名"矩形，设置文本为：【值】为"小起起"。

⑤ 添加【隐藏】动作，目标选择"小红点"矩形，【可见性】设置为"隐藏"，【动画】
设置为"逐渐"，【时间】设置为"500毫秒"。

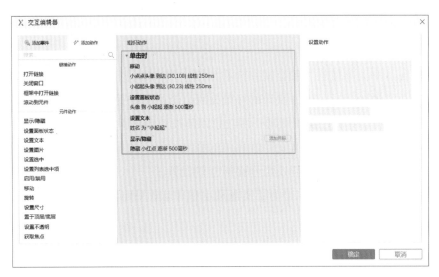

图 4-38

Step5：如图 4-39 所示，选中"头像选择面板"状态中的"小点点头像"图片，添加交
互动作如下。

【单击时】：

① 添加【移动】动作，目标选择"小点点头像"，【移动】为"到达"，【x】值为"30"，
【y】值为"23"，【动画】设置为"线性"，【时间】设置为"250ms"。

② 添加【移动】动作，目标选择"小起起头像"，【移动】为"到达"，【x】值为"30"，
【y】值为"108"，【动画】设置为"线性"，【时间】设置为"250ms"。

③ 添加【设置面板状态】动作，目标选择"头像"动态面板，【状态】为"小点点"，
【进入动画】设置为"逐渐"，【时间】设置为"500毫秒"，【退出动画】设置为"逐
渐"，【时间】设置为"250ms"。

④ 添加【设置文本】动作，目标选择"姓名"矩形，设置文本为：【值】为"小点点"。

⑤ 添加【隐藏】动作，目标选择"小红点"矩形，【可见性】设置为"显示"，【动画】
设置为"逐渐"，【时间】设置为"500毫秒"。

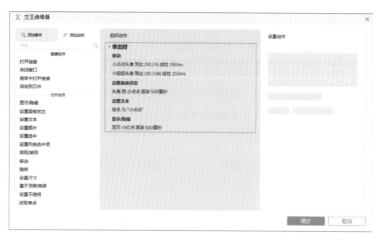

图 4-39

【实例总结】

在移动端 App 中，导航栏一般会从左向右滑出，很少出现把当前登录账号切换的过程放在左侧侧边栏中实现的情况。这样设计的好处是可以让用户快速切换账号，而不是烦琐的页面跳转和管理，并且与导航栏实现联动，用户可以清晰地意识到切换账号成功。

在本实例中，重点实现了显示元件过程中的推动效果。此推动效果只会推动起始位置相同或其右侧的所有控件，所以在切换账号面板左侧设置了一个"内容面板"的空隙，并且把3 个内容分别设置为动态面板，也是为了实现显示和推动效果而做的准备。

4.5 步骤流程切换效果

步骤流程切换效果

【实例 4-5】设计步骤流程切换效果。

【实例效果】

（1）如图 4-40 所示，移动端 App 中流程类的产品需要经历"1-2-3-4"这 4 个过程。4 个过程必须依次执行，要明确地指引当前处理到了哪一步骤，一共有多少个步骤，并且在步骤切换过程中可以增加一些递进式的交互效果。

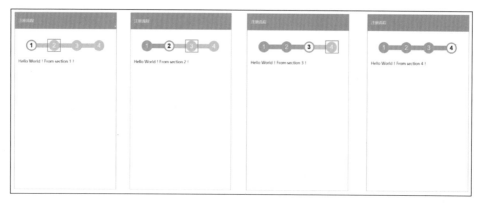

图 4-40

（2）在切换步骤的过程中需要对切换效果进行设置，具体方法如下。

① 上一步的步骤图标，由空心的当前"选中"状态变为实心的"已完成"状态。

② 步骤图标之间的连接符及从左向右的滑动效果，表示当前的状态。

③ 下一步的步骤图标，由灰显的未选中状态变为空心的当前"选中"状态。

④ 下方展示内容的区域，切换面板内容时，会从右向左滑动。

【实例准备】

（1）如图 4-41 所示，准备自定义名称为"1"的动态面板，尺寸设置为 50 像素 × 50 像素，其中有 3 个状态："当前""已完成""未完成"，分别放置生命周期中的 3 种样式。

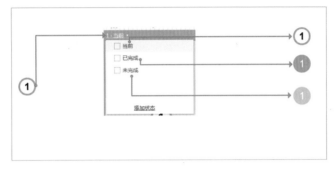

图 4-41

（2）因演示效果有 4 个步骤，所以分别放置 4 个面板："1""2""3""4"。

（3）如图 4-42 所示，放置自定义名称为"1-2"的动态面板，尺寸设置为 70 像素 × 20 像素，其中有两个状态："未完成""已完成"，此动态面板用来表示步骤间的连接样式。

图 4-42

（4）如图 4-43 所示，在自定义名称为"内容"的动态面板中有 4 个状态："1""2""3""4"，分别放置 4 个步骤中的内容。

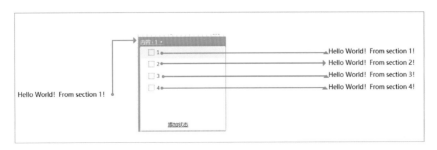

图 4-43

【设计思路】

（1）切换到下一步骤时，上一步骤的显示状态从"当前"切换到"已完成"。

（2）切换步骤间的连接面板，从"未完成"状态切换到"已完成"状态，并且为了体现步骤间产品流程递进的过程，切换过程中的转场动画设置为【向右滑动】。

（3）切换下一步骤的显示状态，从"未完成"切换到"当前"状态。

（4）切换"内容动态"面板，转场动画设置为【向右滑动】。

【操作步骤】

Step1：选择"2"动态面板，添加交互动作如下，如图 4-44 所示。

【单击时】Case1：

① 添加条件判断，【面板状态】设置为"1"，【==】，【状态】设置为"当前"。

② 添加【设置面板状态】动作，目标选择"1"动态面板，【状态】设置为"已完成"。

③ 添加【设置面板状态】动作，目标选择"1-2"动态面板，【状态】设置为"已完成"。【进入动画】设置为"向右滑动"，【时间】设置为"250 毫秒"；【退出动画】设置为"向右滑动"，【时间】设置为"250 毫秒"。

④ 添加【设置面板状态】动作，目标选择"内容"动态面板，【状态】设置为"2"。【进入动画】设置为"向左滑动"，【时间】设置为"250 毫秒"；【退出动画】设置为"向左滑动"，【时间】设置为"250 毫秒"。

⑤ 添加【等待】动作，【等待时间】设置为"250ms"。

⑥ 添加【设置面板状态】动作，目标选择"2"动态面板，【状态】设置为"当前"。

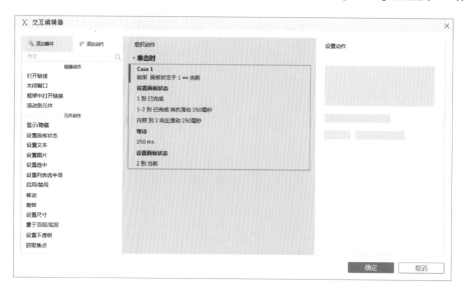

图 4-44

Step2：选择"3"动态面板，添加交互动作如下，如图 4-45 所示。

【单击时】Case1：

① 添加条件判断，【面板状态】设置为"2"，【==】，【状态】设置为"当前"。

② 添加【设置面板状态】动作，目标选择"2"动态面板，【状态】设置为"已完成"。

③ 添加【设置面板状态】动作，目标选择"2-3"动态面板，【状态】设置为"已完成"。【进入动画】设置为"向右滑动"，【时间】设置为"250 毫秒"；【退出动画】设置为"向右滑动"，【时间】设置为"250 毫秒"。

④ 添加【设置面板状态】动作，目标选择"内容"动态面板，【状态】设置为"3"。【进入动画】设置为"向左滑动"，【时间】设置为"250 毫秒"；【退出动画】设置为"向左滑动"，【时间】设置为"250 毫秒"。

⑤ 添加【等待】动作，【等待时间】设置为"250ms"。

⑥ 添加【设置面板状态】动作，目标选择"3"动态面板，【状态】设置为"当前"。

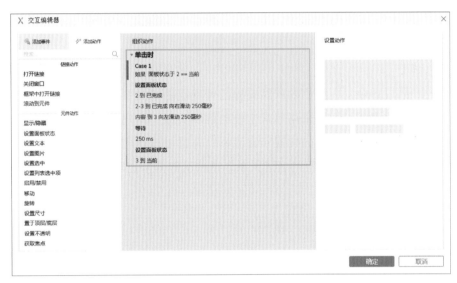

图 4-45

Step3：选择"4"动态面板，添加交互动作如下，如图 4-46 所示。

【单击时】Case1：

① 添加条件判断，【面板状态】设置为"3"，【==】，【状态】设置为"当前"。

② 添加【设置面板状态】动作，目标选择"3"动态面板，【状态】设置为"已完成"。

③ 添加【设置面板状态】动作，目标选择"3-4"动态面板，【状态】设置为"已完成"。【进入动画】设置为"向右滑动"，【时间】设置为"250 毫秒"；【退出动画】设置为"向右滑动"，【时间】设置为"250 毫秒"。

④ 添加【设置面板状态】动作，目标选择"内容"动态面板，【状态】设置为"4"。【进入动画】设置为"向左滑动"，【时间】设置为"250 毫秒"；【退出动画】设置为"向左滑动"，【时间】设置为"250 毫秒"。

⑤ 添加【等待】动作，【等待时间】设置为"250ms"。

⑥ 添加【设置面板状态】动作，目标选择"4"动态面板，【状态】设置为"当前"。

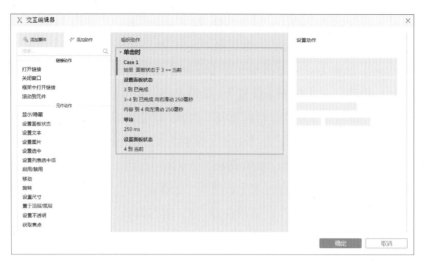

图 4-46

【实例总结】

在流程类产品设计中，在我们的产品流程已经确定的情况下，如何给用户更好的流程体验是产品经理需要思考的。如果采用非常生硬的跳转页面，用户就会产生步骤之间关联性缺失的错觉。在本实例中，步骤间的切换非常流畅，并且可以让用户清晰地看到转场过程，通过转场动画效果，表达出了步骤间的递进关系，这些交互效果也辅助表达了产品设计的思路。

4.6　拖动面板推动元件效果

拖动面板时推动元件效果

【实例 4-6】设计拖动面板推动元件效果。

【实例效果】

（1）如图 4-47 所示，在默认状态下，展示移动端中一个待办 App 的列表项页面。

图 4-47

（2）在列表项中，按照时间轴的顺序进行排序。向上拖动时，在【状态 1】中，"15"与"16"未接触时，图中红框位置为："15"位置固定，"16"向上移动。

（3）在【状态 2】中，"16"的上边界接触到"15"的下边界，"16"推动"15"一起向上移动。

（4）在【状态 3】中，"16"到达"15"原起始位置后，"15"继续向上移动，"16"不再移动。

（5）在【状态 4】中，"May 2016"的上边界接触到"16"的下边界时，"May 2016"推动"16"一起向上移动。

（6）在【状态 5】中，"May 2016"全部移出列表项区域后，月份显示由"May 2016"变为"June 2016"。

（7）【状态 1】到【状态 5】的移动过程中，向下拖动页面内容时，也会展示相同的移动效果。

【实例准备】

（1）自定义名称为"内容面板 1"的动态面板作为内容展示区域，设置尺寸为 354 像素 ×408 像素。取消勾选【自动调整为内容尺寸】，"内容面板 1"中包含"内容面板 2"动态面板和自定义名称为"15""16""1""2""3"的 5 个动态面板，如图 4-48 所示。

图 4-48

（2）如图 4-49 所示，展示"内容面板 2"，设置尺寸为 377 像素 ×720 像素。

（3）图 4-48 中红框位置是在"内容面板 1"的"State1"状态中的矩形，分别自定义名称为"15""16""1""2""3"。

（4）设置"15"动态面板的位置为（26,20），尺寸为 40 像素 ×40 像素。

（5）设置"16"动态面板的位置为（26,150），尺寸为 40 像素 ×40 像素。

（6）设置"1"动态面板的位置为（26,340），尺寸为 40 像素 ×40 像素。

（7）设置"2"动态面板的位置为（26,470），尺寸为 40 像素 ×40 像素。

（8）设置"3"动态面板的位置为（26,600），尺寸为 40 像素 ×40 像素。

（9）如图 4-50 所示，在展示月份的标题位置处设置自定义名称为"时间"的动态面板。其中，有"5""6"两个状态，分别展示"May 2016""June 2016"文字信息。

图 4-49

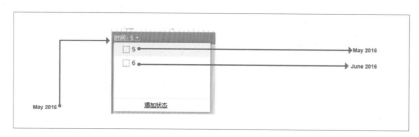

图 4-50

【设计思路】

（1）通过动态面板的拖动，实现其中内容的拖动。

（2）在拖动"内容面板 1"的过程中，希望在不同的情况下移动"内容面板 2""15""16""1""2""3"元件，那么需要把"内容面板 2""15""16""1""2""3"元件放置在"内容面板 1"动态面板中。

（3）设计拖动的过程可分为如下 5 种状态，如图 4-47 所示，通过当前"内容面板 2"的垂直位置来判断。

①在【状态 1】中，"15"与"16"未接触时，移动"内容面板 2""16""1""2""3"等元件，不移动"15"矩形。

②在【状态 2】中，"16"的上边界接触到"15"的下边界后，移动"内容面板 2""15""16""1""2""3"元件。

③在【状态 3】中，"16"到达"15"原起始位置后，移动"内容面板 2""15""1""2""3"元件，不移动"16"矩形。

④在【状态 4】中，"May 2016"的上边界接触到"16"的下边界后，移动"内容面板 2""16""1""2""3"元件，不移动"15"矩形。

⑤在【状态 5】中，"May 2016"全部移出列表项区域后，月份显示由"May 2016"变为"June 2016"。

（4）拖动可能是向上拖动，也可能是向下拖动，所以我们在进行原型设计时，要根据当前"内容面板 2"的垂直位置进行判断。向上、向下拖动不同的元件，都可以完美实现。

【操作步骤】

Step1：如图 4-51 所示，选中"内容面板 1"动态面板，添加交互动作如下。

【拖动时】Case1：

① 添加条件判断，文本 [[LVAR1.y]]（其中，【LVAR1】等于【元件】"内容面板 2"）【>=】【文本】【–90】。

② 添加【移动】动作，目标选择"内容面板 2"动态面板，【移动】为"跟随垂直拖动"，"with boundaries:top>=–91，bottom<=720"。

③ 添加【移动】动作，目标选择"3"动态面板，【移动】为"跟随垂直拖动"，"with boundaries:top>=510，bottom<=640"。

④ 添加【移动】动作，目标选择"2"动态面板，【移动】为"跟随垂直拖动"，"with boundaries:top>=380，bottom<=510"。

⑤ 添加【移动】动作，目标选择"1"动态面板，【移动】为"跟随垂直拖动"，"with boundaries:top>=250，bottom<=380"。

⑥ 添加【移动】动作，目标选择"16"动态面板，【移动】为"跟随垂直拖动"，"with boundaries:top>=60，bottom<=190"。

⑦ 添加【设置面板状态】动作，目标选择"时间"动态面板，【状态】设置为"5"。

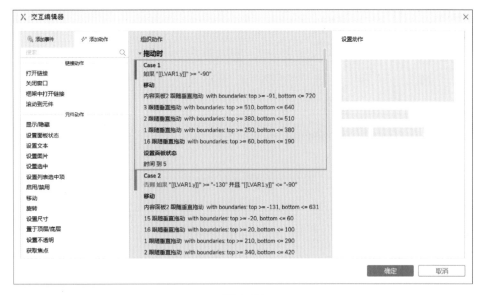

图 4-51

Step2：如图 4-52 所示，选中"内容面板 1"动态面板，添加交互动作如下。

【拖动时】Case2：

① 添加条件判断，如果"[[LVAR1.y]]">="–130" and "[[LVAR1.y]]"<="90"。

② 添加【移动】动作，目标选择"内容面板 2"动态面板，【移动】为"跟随垂直拖动"，"with boundaries:top>=-131，bottom<=631"。

③ 添加【移动】动作，目标选择"15"动态面板，【移动】为"跟随垂直拖动"，"with boundaries:top>=-20，bottom<=60"。

④ 添加【移动】动作，目标选择"16"动态面板，【移动】为"跟随垂直拖动"，"with boundaries:top>=20，bottom<=100"。

⑤ 添加【移动】动作，目标选择"1"动态面板，【移动】为"跟随垂直拖动"，"with boundaries:top>=210，bottom<=290"。

⑥ 添加【移动】动作，目标选择"2"动态面板，【移动】为"跟随垂直拖动"，"with boundaries:top>=340，bottom<=420"。

⑦ 添加【移动】动作，目标选择"3"动态面板，【移动】为"跟随垂直拖动"，"with boundaries:top>=470，bottom<=550"。

⑧ 添加【设置面板状态】动作，目标选择"时间"动态面板，【状态】设置为"5"。

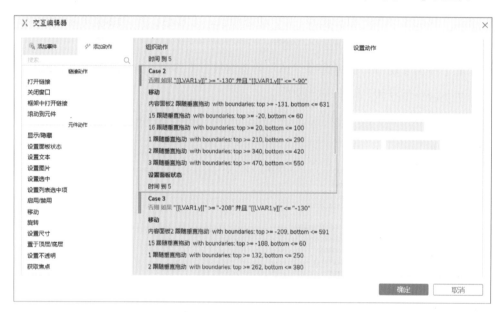

图 4-52

Step3：如图 4-53 所示，选中"内容面板 1"动态面板，添加交互动作如下。

【拖动时】Case3：

① 添加条件判断，如果"[[LVAR1.y]]" >= "-208" and "[[LVAR1.y]]" <= "-130"。

② 添加【移动】动作，目标选择"内容面板 2"动态面板，【移动】为"跟随垂直拖动"，"with boundaries:top>=-209，bottom<=591"。

③ 添加【移动】动作，目标选择"15"动态面板，【移动】为"跟随垂直拖动"，"with boundaries:top>=-188，bottom<=60"。

④ 添加【移动】动作，目标选择"1"动态面板，【移动】为"跟随垂直拖动"，"with

boundaries:top>=132，bottom<=250"。

⑤ 添加【移动】动作，目标选择"2"动态面板，【移动】为"跟随垂直拖动"，"with boundaries:top>=262，bottom<=380"。

⑥ 添加【移动】动作，目标选择"3"动态面板，【移动】为"跟随垂直拖动"，"with boundaries:top>=392，bottom<=510"。

⑦ 添加【设置面板状态】动作，目标选择"时间"动态面板，【状态】设置为"5"。

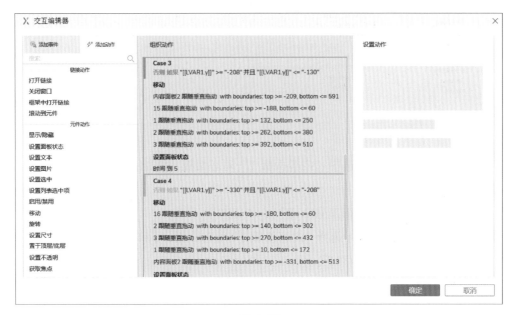

图 4-53

Step4：如图 4-54 所示，选中"内容面板 1"动态面板，添加交互动作如下。

【拖动时】Case4：

① 添加条件判断，如果"[[LVAR1.y]]">="-330"and"[[LVAR1.y]]"<="-208"。

② 添加【移动】动作，目标选择"16"动态面板，【移动】为"跟随垂直拖动"，"with boundaries:top>=-180，bottom<=60"。

③ 添加【移动】动作，目标选择"2"动态面板，【移动】为"跟随垂直拖动"，"with boundaries:top>=140，bottom<=302"。

④ 添加【移动】动作，目标选择"3"动态面板，【移动】为"跟随垂直拖动"，"with boundaries:top>=270，bottom<=432"。

⑤ 添加【移动】动作，目标选择"1"动态面板，【移动】为"跟随垂直拖动"，"with boundaries:top>=10，bottom<=172"。

⑥ 添加【移动】动作，目标选择"内容面板 2"动态面板，【移动】为"跟随垂直拖动"，"with boundaries:top>=-331，bottom<=513"。

⑦ 添加【设置面板状态】动作，目标选择"时间"动态面板，【状态】设置为"5"。

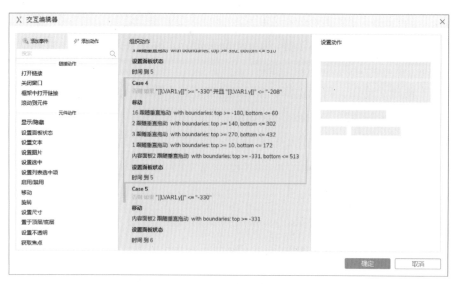

图 4-54

Step5：如图 4-55 所示，选中"内容面板 1"动态面板，添加交互动作如下。

【拖动时】Case5：

① 添加条件判断，如果"[[LVAR2.y]]" <= "-330"。

② 添加【移动】动作，目标选择"内容面板 2"动态面板，【移动】为"跟随垂直拖动"，"with boundaries:top>=-331"。

③ 添加【设置面板状态】动作，目标选择"时间"动态面板，【状态】设置为"6"。

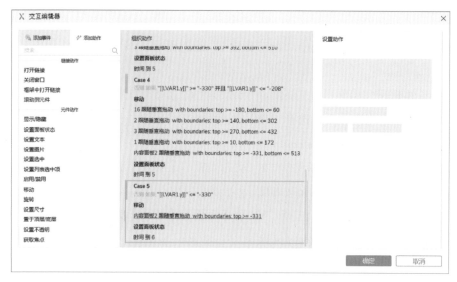

图 4-55

【实例总结】

此实例中，当前日期的时间会在最上方固定位置处显示。当日期发生变化时，也是在相同的位置，通过日期与日期间的推动效果发生日期的迭代变化。这种设计让用户习惯性地知道当前展示的内容是属于哪一天的。在设计本实例的原型时，通过判断动态面板的位置，移动不同的内容，可让我们对动态面板的拖动产生更进一步的了解。

4.7　筛选项滑动切换效果

筛选项滑动切
换效果

【实例 4-7】设计筛选项滑动切换效果。

【实例效果】

（1）如图 4-56 所示，无论是在移动端还是在 Web 端产品中，都需要对某一选项进行筛选，如有"Today""Tomorrow""Monday"3 个单选项，单击单选项可以进行选择。

图 4-56

（2）单选按钮的选中样式为"有背景选中色，文字为白色"，未选中样式为"背景色与文字颜色都为灰色"。

（3）单选按钮之间具有联动效果。选中按钮后，当前选中的按钮变为选中状态，其他按钮变为未选中状态。

（4）选中按钮后，背景色会发生移动，由之前选中项移动到当前选中项，并且伴随着移入和移出的过程。

【实例准备】

（1）选中背景、未选中背景、选中文字、未选中文字这 4 种样式，如图 4-57 所示。

（2）因为有 3 个按钮，所以在"Today"单选按钮中，分别自定义名称为"today 未选中背景""today 选中背景""today 文字"。

（3）在"Tomorrow"按钮中，分别自定义名称为"tomorrow 未选中背景""tomorrow 选中背景""tomorrow 文字"。

图 4-57

（4）在"Monday"按钮中，分别自定义名称为"monday 未选中背景""monday 选中背景""monday 文字"。

（5）在每个按钮上方放置相同大小的热区，供增加交互事件时使用。

（6）每个单选按钮按照层级从上到下依次为：热区、"** 文字""** 选中背景""**未选中背景"。

【设计思路】

（1）按钮未选中时，"选中背景"隐藏；按钮切换到选中状态时，"选中背景"显示，并且伴有移入过程。

（2）按钮选中时，"选中背景"显示；按钮切换到未选中状态时，"选中背景"隐藏，并且伴有移出过程。

（3）"选中背景"移入和移出的过程需要有方向，这该如何确定呢？因为只有 3 个单选按钮，所以我们采用全局变量来辅助判断，根据两个按钮的位置来判断"选中背景"的移入和移出方向。

（4）文字内容不需要改变，只改变文字颜色，此处我们采用更直接的办法，通过"文字改变"设置文本的值。

【操作步骤】

Step1：如图 4-58 所示，选中页面，添加交互动作如下。

【页面载入时】：添加【设置变量值】动作，目标选择"X"全局变量，设置全局变量"X"的值为"1"。

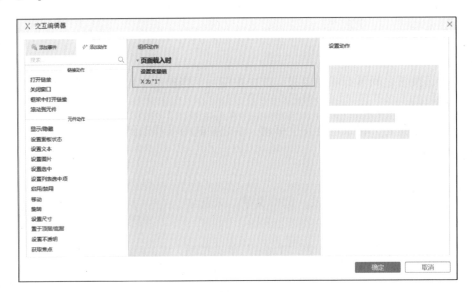

图 4-58

Step2：如图 4-59 所示，选择"today 热区"，添加交互动作如下。

【单击时】Case1：

① 添加条件判断，如果值于 X=="2"。

② 添加【显示】动作，目标选择"today 背景"，【可见性】设置为"显示"，【动画】设置为"向左滑动"，【时间】设置为"250 毫秒"。

③ 添加【显示】动作，目标选择"tomorrow 背景"，【可见性】设置为"隐藏"，【动画】设置为"向左滑动"，【时间】设置为"250 毫秒"。

④ 添加【等待】动作，【等待时间】设置为"250ms"。

⑤ 添加【设置文本】动作，目标选择"tomorrow 文字"，设置【富文本】，把文字颜色设置为灰色，把【文本】设置为"Tomorrow"。

⑥ 添加【设置文本】动作，目标选择"today 文字"，设置【富文本】，把文字颜色设置为白色，把【文本】设置为"Today"。

⑦ 添加【设置变量值】动作，目标选择"X"全局变量，设置全局变量"X"的值为"1"。

Step3： 选择"toady 热区"，添加交互动作如下。

【单击时】Case2：

① 添加条件判断，如果值于 X=="3"。

② 添加【显示】动作，目标选择"monday 选中背景"，【可见性】设置为"隐藏"，【动画】设置为"向左滑动"，【时间】设置为"250 毫秒"。

③ 添加【显示】动作，目标选择"today 选中背景"，【可见性】设置为"显示"，【动画】设置为"向左滑动"，【时间】设置为"250 毫秒"。

④ 添加【等待】动作，【等待时间】设置为"250ms"。

⑤ 添加【设置文本】动作，目标选择"monday 文字"，设置【富文本】，把文字颜色设置为灰色，把【文本】设置为"Monday"。

⑥ 添加【设置文本】动作，目标选择"today 文字"，设置【富文本】，把文字颜色设置为白色，把【文本】设置为"Today"。

⑦ 添加【设置变量值】动作，目标选择"X"全局变量，设置全局变量"X"的值为"1"。

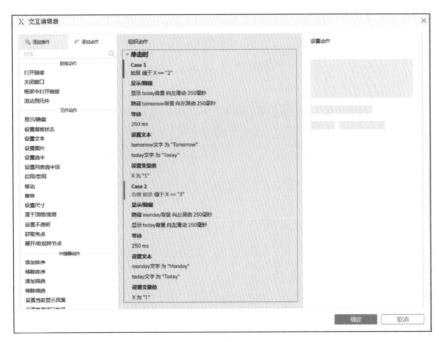

图 4-59

Step4： 如图 4-60 所示，选择"tomorrow 热区"，添加交互动作如下。

【单击时】Case1：

① 添加条件判断，如果值于 X=="1"。

② 添加【显示】动作，目标选择"today 背景"，【可见性】设置为"隐藏"，【动画】设置为"向右滑动"，【时间】设置为"250 毫秒"。

③ 添加【显示】动作，目标选择"tomorrow 背景"，【可见性】设置为"显示"，【动画】

设置为"向右滑动"，【时间】设置为"250 毫秒"。

④ 添加【等待】动作，【等待时间】设置为"250ms"。

⑤ 添加【设置文本】动作，目标选择"tomorrow 文字"，设置【富文本】，把文字颜色设置为白色，把【文本】设置为"Tomorrow"。

⑥ 添加【设置文本】动作，目标选择"today 文字"，设置【富文本】，把文字颜色设置为灰色，把【文本】设置为"Today"。

⑦ 添加【设置变量值】动作，目标选择"X"全局变量，设置全局变量"X"的值为"2"。

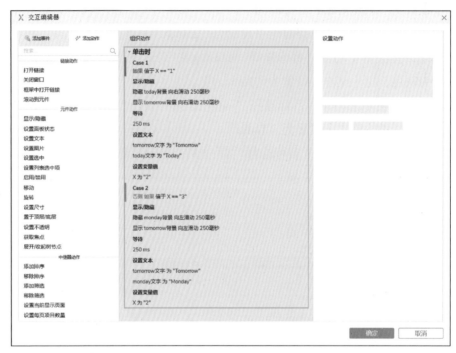

图 4-60

Step5： 选择"tomorrow 热区"，添加交互动作如下。

【单击时】Case2：

① 添加条件判断，如果值于 X == "3"。

② 添加【显示】动作，目标选择"monday 背景"，【可见性】设置为"隐藏"，【动画】设置为"向左滑动"，【时间】设置为"250 毫秒"。

③ 添加【显示】动作，目标选择"tomorrow 背景"，【可见性】设置为"显示"，【动画】设置为"向左滑动"，【时间】设置为"250 毫秒"。

④ 添加【等待】动作，【等待时间】设置为"250ms"。

⑤ 添加【设置文本】动作，目标选择"tomorrow 文字"，设置【富文本】，把文字颜色设置为白色，把【文本】设置为"Tomorrow"。

⑥ 添加【设置文本】动作，目标选择"monday 文字"，设置【富文本】，把文字颜色设置为灰色，把【文本】设置为"Monday"。

⑦ 添加【设置变量值】动作，目标选择"X"全局变量，设置全局变量"X"的值为"2"。

Step6： 选择"monday 热区"，添加交互动作如下，如图 4-61 所示。

图 4-61

【单击时】Case1：

① 添加条件判断，如果值于 X=="1"。

② 添加【显示】动作，目标选择"today 背景"，【可见性】设置为"隐藏"，【动画】
设置为"向右滑动"，【时间】设置为"250 毫秒"。

③ 添加【显示】动作，目标选择"monday 背景"，【可见性】设置为"显示"，【动画】
设置为"向右滑动"，【时间】设置为"250 毫秒"。

④ 添加【等待】动作，【等待时间】设置为"250ms"。

⑤ 添加【设置文本】动作，目标选择"monday 文字"，设置【富文本】，把文字颜色
设置为白色，把【文本】设置为"Monday"。

⑥ 添加【设置文本】动作，目标选择"today 文字"，设置【富文本】，把文字颜色设
置为灰色，把【文本】设置为"Today"。

⑦ 添加【设置变量值】动作，目标选择"X"全局变量，设置全局变量"X"的值为"3"。

Step7： 选择"monday 热区"，添加交互动作如下。

【单击时】Case2：

① 添加条件判断，如果值于 X=="2"。

② 添加【显示】动作，目标选择"monday 背景"，【可见性】设置为"显示"，【动画】
设置为"向右滑动"，【时间】设置为"250 毫秒"。

③ 添加【显示】动作，目标选择"tomorrow 背景"，【可见性】设置为"隐藏"，【动画】设置为"向右滑动"，【时间】设置为"250 毫秒"。

④ 添加【等待】动作，【等待时间】设置为"250ms"。

⑤ 添加【设置文本】动作，目标选择"tomorrow 文字"，设置【富文本】，把文字颜色设置为灰色。

⑥ 添加【设置文本】动作，目标选择"monday 文字"，设置【富文本】，把文字颜色设置为白色。

⑦ 添加【设置变量值】动作，目标选择"X"全局变量，设置全局变量"X"的值为"3"。

【实例总结】

筛选项滑动切换效果，可让用户更容易理解选项的切换过程，增加了过程动画后，对当前操作做了交互方面的诠释：①选中项发生了变化；②当前选项只能够单选，无法多选。

在实现的过程中，我们也要去思考何种切换方式更为友好，更容易让用户感知到切换的过程，如左右滑动、上下滑动、翻转。因为本实例中是多个单选按钮排列展示的，所以选中内容滑动切换的效果更符合感知习惯，这也是由产品的功能与布局决定的。

实战练习

如图 4-62 所示，制作一个拖动的效果，模拟手指在手机屏幕上的拖动，拖动时，顶部的图片会随着手指拖动的位置而变换大小。

需要使用动态面板的拖动效果，思考如何才能让动态面板的拖动效果实时地跟着手指的移动而改变。

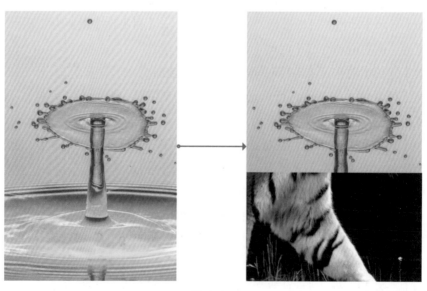

图 4-62

Chapter
05

第 5 章
交互效果的制作

5.1 弹窗中筛选时间效果

【实例 5-1】设计弹窗中筛选时间效果。

【实例效果】

（1）如图 5-1 所示，在移动端的"提醒"App 中，单击右上角的"闹钟"按钮，在界面下方自下向上弹出选择日期对话框，并且伴有遮罩效果，可以选择日期和位置属性。

图 5-1

（2）单击日期对话框之外的遮罩位置，对话框自上向下收起。

（3）如果要修改某一天的时间，则单击需要修改的时间，会直接出现蓝色背景的时间调整浮层。这时可以水平拖动调整时间，最中间的时间为当前选中时间，颜色为白色。

（4）单击"CANCEL""OK"按钮执行取消或确定操作，并且隐藏时间调整浮层。

【实例准备】

（1）图 5-2 所示为移动端 App 的内容。

（2）准备灰色透明的矩形，自定义名称为"遮罩"，默认置于底层，"遮罩"矩形的大小与 App 尺寸保持一致，如图 5-3 所示。

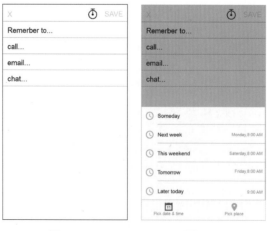

图 5-2   图 5-3

（3）准备可以自下向上弹出的动态面板，自定义名称为"日期对话框"，其中设置需要提醒的日期和位置。"日期对话框"动态面板默认置于底层，设为隐藏，下边界位置与 App 页面的下边界位置相同，尺寸设置为 478 像素 × 420 像素。

（4）在"日期对话框"动态面板的"State1"状态中，放置自定义名称为"时间浮层 1"的动态面板，如图 5-4 所示。动态面板默认设置为隐藏，置于底层，尺寸设置为 476 像素 × 139 像素。

图 5-4

（5）在"时间浮层 1"的"State1"状态中，进行如下设置。

① 包含自定义名称为"时间浮层 2"的动态面板，尺寸设置为 476 像素 × 70 像素。

② 包含两个遮罩的矩形，矩形取背景颜色，并且设置不透明度为 50，置于顶层。

③ 包含可以单击的热区。

（6）在"时间浮层 2"的"State1"状态中，如图 5-5 所示，放置自定义名称为"时间浮层 3"的动态面板，尺寸设置为 862 像素 × 28 像素，展示时间为全部时间，背景为无填充色，文字颜色设置为白色。

图 5-5

【设计思路】

（1）单击 App 中右上角的"闹钟"按钮，向上滑动显示"日期对话框"动态面板，并且置于顶层。

（2）单击"日期对话框"中的时间进行选择，显示并且置顶"时间浮层 1"动态面板。

（3）在"时间浮层 1"动态面板中，使用蓝色、不透明度为 50 的矩形遮盖住左右两侧的非选中时间内容，放置可以拖动的"时间浮层 2"动态面板。

（4）拖动"时间浮层 2"动态面板，移动"时间浮层 3"动态面板，可以实现时间内容的左右拖动。

（5）单击"CANCEL""OK"按钮，隐藏"时间浮层 1"动态面板。

【操作步骤】

Step1：如图 5-6 所示，选中 App 页面右上角的"闹钟"按钮，添加交互动作如下。

【单击时】：

① 添加【显示】动作，目标选择"日期弹窗"，【可见性】设置为"显示"，【动画】设置为"向上滑动"，【时间】设置为"500 毫秒"。

② 添加【置于顶层】动作，目标选择"遮罩"，【顺序】设置为"顶层"。

③ 添加【置于顶层】动作，目标选择"日期弹窗"，【顺序】设置为"顶层"。

图 5-6

Step2：如图 5-7 所示，选中"日期对话框"动态面板"State1"状态中的"Later today 热区"，添加交互动作如下。

【单击时】Case1：

① 添加【显示】动作，目标选择"时间浮层 1"，【可见性】设置为"显示"。

② 添加【置于顶层】动作，目标选择"时间浮层 1"，【顺序】设置为"顶层"。

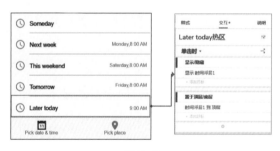

图 5-7

Step3：如图 5-8 所示，选中"时间浮层 1"动态面板"State1"状态中的"时间浮层 2"，添加交互动作如下。

【单击时】Case1：添加【移动】动作，目标选择"时间浮层 3"，【移动】为"drag X"，即水平拖动。

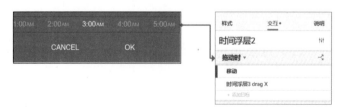

图 5-8

Step4：如图 5-9 所示，在"时间浮层 1"动态面板"State1"状态中，设置红框所示区域两个矩形的填充颜色为背景的蓝色，并且设置【不透明】为"50"，置于顶层。

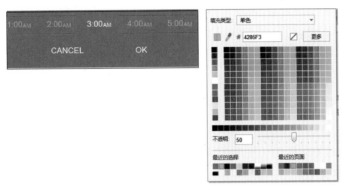

图 5-9

Step5：如图 5-10 所示，在"时间浮层 1"动态面板"State1"状态中，选中"CANCEL/OK 热区"，添加交互动作如下。

【单击时】Case1：

① 添加【隐藏】动作，目标选择"时间浮层 1"，【可见性】设置为"隐藏"。

② 添加【置于底层】动作，目标选择"时间浮层 1"，【顺序】设置为"底层"。

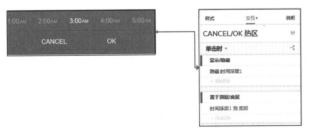

图 5-10

Step6：如图 5-11 所示，选择置于底层的自定义名称为"遮罩"的矩形，添加交互动作如下。

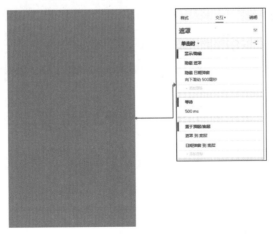

图 5-11

【单击时】：

① 添加【隐藏】动作，目标选择"遮罩"，【可见性】设置为"隐藏"。

② 添加【隐藏】动作，目标选择"日期弹窗"，【可见性】设置为"隐藏"，【动画】设置为"向下滑动"，【时间】设置为"500 毫秒"。

③ 添加【等待】动作，【等待时间】设置为"500ms"。

④ 添加【置于底层】动作，目标选择"遮罩"，【顺序】设置为"底层"。

⑤ 添加【置于底层】动作，目标选择"日期弹窗"，【顺序】设置为"底层"。

【实例总结】

当多个功能项需要选择时，在我们见过的产品设计中，比较多的情况是将各个功能项排列展示，通过入口进入下一页面再进行选择。这种设计增加了页面跳转次数、操作步骤和门槛，使整个产品的操作流程不够顺畅。如果设计对话框、浮层、内容的展开等操作，则可减少页面跳转次数，让整个操作流程更简洁、高效。

本实例中的交互设计只是提供一种思路，一定还有更好的交互设计方法，如将需要筛选的内容在当前筛选项下方展开显示，会让整个流程更加流畅，并且减少了对话框和浮层的操作，让用户体验更佳。所以我们在做产品设计的过程中，首要原则是保证交互设计是为产品功能服务的，其次再采用体验更佳、操作更流畅的交互效果。

5.2　调节声音大小效果

调节声音大小效果

【实例 5-2】设计调节声音大小效果。

【实例效果】

（1）如图 5-12 所示，在音乐类、视频类产品中，调节音量是非常频繁的操作。默认状态下，只有声音按钮和声音拖动栏。

图 5-12

（2）在选中状态下，当需要通过拖动声音按钮来改变声音大小时，选中按钮与拖动栏都相应变大，表示当前的选中效果。

（3）拖动完成后，松开鼠标，取消选中效果，声音按钮与拖动栏会缩小为默认状态。

（4）拖动后，会有蓝色的拖动栏背景来展示当前已选择的声音大小。

（5）如图 5-13 所示，在拖动过程中，如果声音选择过大，则会友好地提醒。这时声音按钮变为红色背景，并且红色背景浮层提醒："This could damage your ears!"

（6）在非选中状态下，如果声音选择过大，也会提醒。这时声音按钮变为红色背景，并且红色背景浮层提醒："This could damage your ears!"。

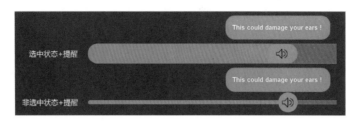

图 5-13

【实例准备】

（1）如图 5-14 所示，在自定义名称为"声音按钮面板"中新增四个状态，分别代表声音按钮生命周期中的 4 种状态："非选中状态""非选中警告状态""选中状态""选中警告状态"。

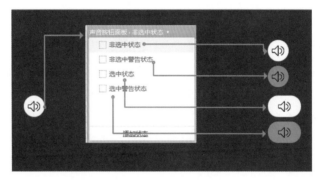

图 5-14

（2）如图 5-15 所示，自定义名称为"拖动栏面板"的动态面板中包含"拖动栏默认状态""拖动栏选中状态"。

图 5-15

（3）在"拖动栏默认状态"中，放置自定义名称为"默认 – 灰色"的灰色矩形，用作默认状态下的拖动栏背景；放置自定义名称为"默认 – 蓝色"的蓝色矩形，用作默认状态下已拖动的声音大小。两个矩形的起始位置为（0，20），尺寸设置为 638 像素 × 10 像素，将"默认 – 灰色"的灰色矩形置于顶层，"默认 – 蓝色"的蓝色矩形置于底层。

（4）在"拖动栏选中状态"中，放置自定义名称为"选中 – 灰色"的灰色矩形，用作选中状态下的拖动栏背景；放置自定义名称为"选中 – 蓝色"的蓝色矩形，用作选中状态下已拖动的声音大小。两个矩形的起始位置为（0，0），尺寸设置为 638 像素 ×50 像素，将"选中 – 灰色"的灰色矩形置于顶层，"选中 – 蓝色"的蓝色矩形置于底层。

（5）如图 5-16 所示，准备自定义名称为"警告"的矩形，背景设置为红色，文字设置为白色，其中文字设置为："This could damage your ears！"。"警告"的矩形默认设置为隐藏。

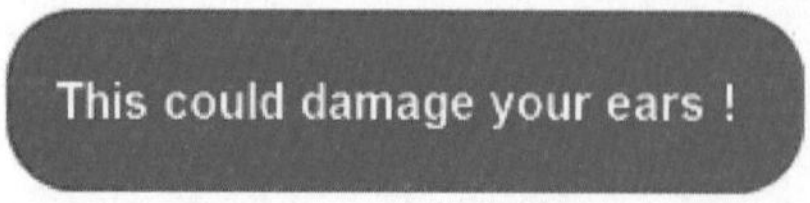

This could damage your ears !

图 5-16

【设计思路】

（1）对整个内容的交互操作只有【拖动时】和【拖动结束时】两种。

（2）对"声音按钮面板"进行【拖动时】，属于对声音进行了调节操作，需要操作状态的反馈。本实例中，我们采用了声音按钮与拖动栏背景变大的效果。

（3）对"声音按钮面板"【拖动结束时】，属于结束了对声音进行调节的操作，需要声音按钮与拖动栏背景恢复至默认展示状态。

（4）在拖动的效果中，拖动栏采用"蓝色"的底层矩形展示当前进度，"灰色"的矩形展示拖动栏背景（层级相反的设计也可以，只是移动控件的方式不同）。拖动时，水平移动"声音按钮面板"与"灰色"矩形的拖动栏背景。

（5）在声音调节这个功能中，如果音量调节过大，可能会对我们的耳朵造成损伤，所以在声音调节到一定值后，我们给出友好的提示，通过"警告"矩形的显示和隐藏效果来表现。

（6）声音超过一定值后，"声音按钮面板"中也需要用红色背景的声音按钮来表现警告含义，故增加红色背景的"选中警告状态"和"非选中的警告状态"。

【操作步骤】

Step1：如图 5-17 所示，选中"声音按钮面板"，添加交互动作如下。

【拖动时】Case1：

添加条件判断，如果"[[LVAR1.X]]"<="500"。其中，"LVAR1"=【元件】"声音按钮面板"。

（1）给"声音按钮面板""选中 – 灰色""默认 – 灰色"添加【移动】动作。

① 添加【移动】动作，目标选择"声音按钮面板"动态面板，【移动】为"drag X"，"with boundaries：left>=50"。

② 添加【移动】动作，目标选择"选中 – 灰色"矩形，【移动】为"drag X"，"with boundaries：left>=0"。

③ 添加【移动】动作，目标选择"默认 – 灰色"矩形，【移动】为"drag X"，"with boundaries：left>=0"。

（2）设置面板状态都为"选中"时。

① 添加【设置面板状态】动作，目标选择"拖动栏面板"动态面板，【状态】设置为"拖

动栏选中状态"。

② 添加【隐藏】动作，目标选择"警告"矩形，【可见性】设置为"隐藏"。

③ 添加【设置面板状态】动作，目标选择"声音按钮面板"动态面板，【状态】设置为"选中状态"。

Step2： 如图 5-17 所示，选中"声音按钮面板"，添加交互动作如下。

【拖动时】Case2：

添加条件判断，如果"[[LVAR1.X]]">"500"。其中，"LVAR1"=【元件】"声音按钮面板"。

（1）移动"声音按钮面板""选中 – 灰色""默认 – 灰色"。

① 添加【移动】动作，目标选择"声音按钮面板"动态面板，【移动】为"drag X"，"with boundaries：left>=50"。

② 添加【移动】动作，目标选择"选中 – 灰色"矩形，【移动】为"drag X"，"with boundaries：left >=0"。

③ 添加【移动】动作，目标选择"默认 – 灰色"矩形，【移动】为"drag X"，"with boundaries：left >=0"。

（2）设置"声音按钮面板"为"警告"状态。

① 添加【设置面板状态】动作，目标选择"拖动栏面板"动态面板，【状态】设置为"拖动栏选中状态"。

② 添加【设置面板状态】动作，目标选择"声音按钮面板"动态面板，【状态】设置为"选中警告状态"。

③ 添加【显示】动作，目标选择"警告"矩形，【可见性】设置为"显示"。

图 5-17

Step3： 如图 5-18 所示，选中"声音按钮面板"，添加交互动作如下。

【拖动结束时】Case1：

① 添加条件判断，如果"[[LVAR1.X]]"＞"500"。其中，"LVAR1"＝【元件】"声音按钮面板"。

② 添加【设置面板状态】动作，目标选择"拖动栏面板"动态面板，【状态】设置为"拖动栏默认状态"。

③ 添加【设置面板状态】动作，目标选择"声音按钮面板"动态面板，【状态】设置为"非选中警告状态"。

Step4： 如图 5-18 所示，选中"声音按钮面板"，添加交互动作如下。

【拖动结束时】Case2：

① 添加条件判断，如果"[[LVAR1.X]]"＜＝"500"。其中，"LVAR1"＝【元件】"声音按钮面板"。

② 添加【设置面板状态】动作，目标选择"拖动栏面板"动态面板，【状态】设置为"拖动栏默认状态"。

③ 添加【设置面板状态】动作，目标选择"声音按钮面板"动态面板，【状态】设置为"非选中状态"。

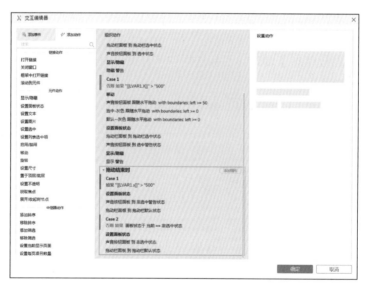

图 5-18

【实例总结】

在调节声音大小的效果中，我们学习了拖动面板的过程：使用动态面板移动不同的元件，并且通过两个不同颜色矩形的移动效果产生视觉位移差，从而产生类似"进度条"的效果。相同的操作同样可以用于播放器的进度条设计中。

在产品设计中，悬浮状态、按下状态、选中状态的样式不同，可以表达出产品不同层次的意义，并且给予用户更好的体验，从而更好地为产品流程服务。

当声音过大时，视觉效果上同样给予"警告"反馈，这是利用交互设计来辅助产品设计的人性化，使产品更加有情怀。

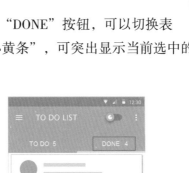

列表中列表项
的完成与删除
效果

5.3 表单中列表项的完成与删除效果

【实例 5-3】设计表单中列表项的完成与删除效果。

【实例效果】

（1）如图 5-19 所示，单击"TO DO"和"DONE"按钮，可以切换表
单中列表项的内容，并且在按钮的下方有"小黄条"，可突出显示当前选中的按钮。按钮右
侧的数字表示该表单中列表项的数量。

图 5-19

（2）如图 5-20 所示，在表单中，每一个列表项都可以进行向左、向右滑动的操作。向
右滑动列表项，将出现"完成"按钮，表示此列表项的操作已经完成，该列表项将消失，并
在"DONE"列表中显示；向左滑动列表项，将出现"删除"按钮，表示该列表项将被删除，
单击"删除"按钮后该列表项消失，下方的列表项上移。

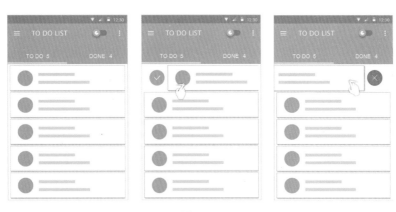

图 5-20

（3）执行"完成"操作后，"TO DO"表单中列表项的数量减"1"，"DONE"表单中
列表项的数量加"1"。

（4）执行"删除"操作后，"TO DO"表单中列表项的数量减"1"。

（5）在滑动列表项时，若向右滑动没有超过"完成"按钮，向左滑动没有超过"删除"按钮，则列表项回到原位。

【实例准备】

（1）如图 5-21 所示，在 App 页面中，准备表示"TO DO"和"DONE"表单中表示列表项数量的文字、当前按钮选中项的小黄条和主面板。

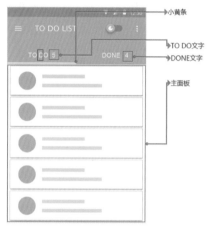

图 5-21

（2）在 Axure 的面板状态管理窗口中设置"主面板"状态。在"面板状态"中添加"TO DO"和"DONE"两个状态，如图 5-22 所示。设置"TO DO"状态中有 5 个列表项，"DONE"状态中有 4 个列表项。

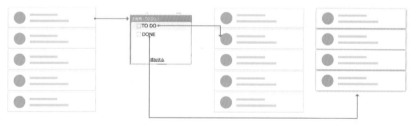

图 5-22

（3）如图 5-23 所示，在面板状态管理窗口中选中"TO DO"列表中的第一个列表项，并自定义名称为"TO DO 1"，在面板状态中添加"State1"状态，并放置"TO DO 2"动态面板、"完成"按钮、"删除"按钮，将"TO DO 2"动态面板置于顶层，覆盖在"完成"按钮、"删除"按钮之上。

图 5-23

【设计思路】

（1）单击 App 页面中的"TO DO"按钮与"DONE"按钮时，下方列表项可以左右滑动，所以需要设计"主面板"，用于"TO DO"列表内容与"DONE"列表内容的切换。

（2）在"主面板"的"TO DO"状态中放置"TO DO 1"动态面板，作为展示区域和交互操作元件。

（3）将"TO DO 2"动态面板作为对"TO DO 1"动态面板操作后移动的内容对象。此处，"TO DO 2"动态面板也可以是一些元件的组合。

（4）为了实现"TO DO 1"动态面板的可复制性，"完成"按钮与"删除"按钮都放置在"TO DO 1"动态面板中的"TO DO 2"动态面板下方。当移动"TO DO 2"动态面板时，即可展示"完成"按钮与"删除"按钮，并且可对这两个按钮进行交互操作。

（5）在拖动"TO DO 1"动态面板时，通过判断"TO DO 2"动态面板的位置进行不同的操作，分别是完成操作、删除操作、归位操作。

（6）当执行完成操作时，向右移动"TO DO 2"动态面板，给用户以向右拖动消失的视觉效果，隐藏"TO DO 1"动态面板，并且拉动下方的元件，以保持页面的统一性；"TO DO 文字"自减 1，"DONE 文字"自加 1。

（7）当单击"删除"按钮，执行删除操作时，隐藏"TO DO 1"动态面板，并且拉动下方的元件，以保持页面的统一性；"TO DO 文字"自减 1。

（8）"TO DO 1"动态面板可以复制多个，以满足页面展示的需求。因为本身"TO DO 1"动态面板具有兼容性，可保证所有功能的执行。

（9）如果每一个列表项之间需要有一些间距，需要在"TO DO 1"动态面板中预留好空白内容，以保证完美地实现"TO DO 1"动态面板隐藏后的拉动效果。

【操作步骤】

Step1：如图 5-24 所示，在 App 页面中，单击"TO DO"按钮的热区，在"监视热区"中添加交互动作如下。

【单击时】：

① 添加【设置面板状态】动作，目标选择"主面板"动态面板，【状态】设置为"TO DO"【进入动画】设置为"向左滑动"，【时间】设置为"250 毫秒"；【退出动画】设置为"向左滑动"，【时间】设置为"250 毫秒"。

② 添加【移动】动作，目标选择"小黄条"矩形，【移动】为"到达"，【X】坐标为"51"，【Y】坐标为"202"，【动画】设置为"线性"，【时间】设置为"250ms"。

Step2：单击"DONE"按钮的热区，在"监视热区"中添加交互动作如下。

【单击时】：

① 添加【设置面板状态】动作，目标选择"主面板"动态面板，【状态】设置为"DONE"【进入动画】设置为"向右滑动"，【时间】设置为"250 毫秒"；【退出动画】设置为"向右滑动"，【时间】设置为"250 毫秒"。

图 5-24

② 添加【移动】动作，目标选择"小黄条"矩形，【移动】为"到达"，【X】坐标为"247"，
【Y】坐标为"202"，【动画】设置为"线性"，【时间】设置为"250ms"。

Step3： 如图 5-25 所示，在主面板的"TO DO"状态中，选中自定义名称为"TO DO 1"
的动态面板，设置交互动作如下。

【拖动时】：添加【移动】动作，目标选择"TO DO 2"动态面板，【移动】为"drag X"。

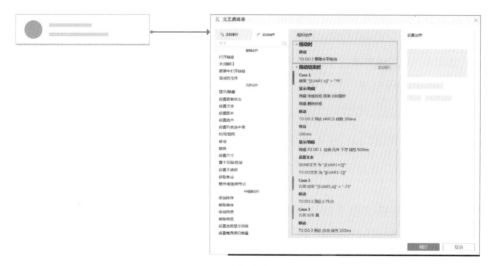

图 5-25

Step4： 选中自定义名称为"TO DO 2"的动态面板，添加交互动作如下。

【拖动结束时】Case1：

① 添加条件判断，如果"[[LVAR1.x]]" > "75"。其中，"LVAR1" =【元件】【TO DO 2】。

② 添加【隐藏】动作，目标选择"完成按钮"，【可见性】设置为"隐藏"，【动画】
设置为"逐渐"，【时间】设置为"200ms"。

③ 添加【隐藏】动作，目标选择"删除按钮"，【可见性】设置为"隐藏"。

④ 添加【移动】动作，目标选择 "TO DO 2" 动态面板，【移动】为 "到达"，【X】坐标为 "400"，【Y】坐标为 "0"，【动画】设置为 "线性"，【时间】设置为 "200ms"。

⑤ 添加【等待】动作，【等待时间】设置为 "200ms"。

⑥ 添加【隐藏】动作，目标选择 "TO DO 1" 动态面板，【可见性】设置为 "隐藏"，勾选【拉动元件】，【方向】设置为 "下方"，【动画】设置为 "线性"，【时间】设置为 "500ms"。

⑦ 添加【设置文本】动作，目标选择 "DONE 文字"，设置文本为【值】【LVAR1+1】，添加局部变量【LVAR1】=【元件文字】【DONE 文字】。

⑧ 添加【设置文本】动作，目标选择 "TO DO 文字"，设置文本为【值】【LVAR1–1】，添加局部变量【LVAR1】=【元件文字】【TO DO 文字】。

Step5：选中自定义名称为 "TO DO 2" 的动态面板，添加交互动作如下。

【拖动结束时】Case2：

① 添加条件判断，如果 "[[LVAR1.x]]" < "–75"。其中，"LVAR1" =【元件】【TO DO 2】。

② 添加【移动】动作，目标选择 "TO DO 2" 动态面板，【移动】为 "到达"，【X】坐标为 "–75"，【Y】坐标为 "0"。

Step6：选中自定义名称为 "TO DO 2" 的动态面板，添加交互动作如下。

【拖动结束时】Case3：

① 添加条件判断，（Else if Ture）。

② 添加【移动】动作，目标选择 "TO DO 2" 动态面板，【移动】为 "到达"，【X】坐标为 "0"，【Y】坐标为 "0"，【动画】设置为 "线性"，【时间】设置为 "200ms"。

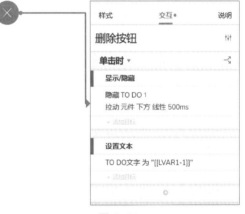

图 5–26

Step7：如图 5–26 所示，在 "TO DO 1" 动态面板中，选中自定义名称为 "删除按钮" 的组合，添加交互动作如下。

【单击时】：

① 添加【隐藏】动作，目标选择 "TO DO 1" 动态面板，【可见性】设置为 "隐藏"，勾选【拉动元件】，【方向】设置为 "下方"，【动画】设置为 "线性"，【时间】设置为 "500ms"。

② 添加【设置文本】动作，目标选择 "TO DO 文字"，设置文本【值】为 "LVAR1–1"，添加局部变量【LVAR1】=【元件文字】【TO DO 文字】。

Step8：将 "TO DO 2" 动态面板复制多份，按需向下排列。因为 "TO DO 2" 动态面板做了兼容性处理，所有的触发动作都可以产生当前面板的隐藏、数字的变化及下方列表项内容的拉动效果，所以复制多份排列，将极大地减少设计工作量。

【实例总结】

在列表的完成与删除效果实例中，综合性地使用了动态面板的拖动、隐藏效果，局部变量，条件判断等内容。我们在实现一个交互效果时有多种方法可供使用，首先要采用最优、最简单的实现方法。尤其是动态面板向上移动的过程，很多读者的第一想法是采用下方面板向上移动相对距离的方法，这种方法的可复制性很差。

在列表产品中，完成效果与删除效果的交互方式通常采用按钮触发来实现。而我们在移动端产品的设计中，滑动效果相比于单击效果的用户体验更好。本例中向左、右滑动的效果恰恰利用了这一点，在设计上更精简、更便捷，同时也更符合用户的操作习惯。产品功能与操作相结合的设计，需要我们多思考交互设计背后的逻辑，才能更好地为产品服务。

5.4 页面切换交互效果

页面切换交互效果

【实例 5-4】设计页面切换交互效果。

【实例效果】

（1）如图 5-27 所示，一个流程式产品中有多个步骤，在页面 1 中需要选择一个矩形按钮，选择后会有按下效果，按下效果中强调了当前选择的内容，当前选择的内容会有蓝色背景从左向右滑动展示。当页面内容跳转到页面 2 时，页面最上方的步骤进度会发生长度变化，以区别当前进行的步骤。

图 5-27

（2）在页面 2 中，需要选择一个矩形按钮，选择后会有按下效果，按下效果中强调了当前选择的内容，当前选择的内容会有蓝色背景从左向右滑动展示。当页面内容跳转到页面 3 时，在页面最上方的步骤进度会发生长度变化，以区别当前进行的步骤。

【实例准备】

（1）图 5-28 所示的页面中，上方放置蓝色填充色的矩形进度条，默认尺寸为 100 像素 × 20 像素。

（2）页面中准备自定义名称为"标题"的矩

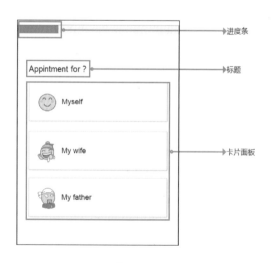

图 5-28

形，用于展示页面文本信息。

（3）放置自定义名称为"卡片面板"的动态面板，宽度设置为 344 像素。

（4）在"卡片面板"动态面板中有 3 个状态，分别放置 3 个页面的展示内容，如图 5-29
所示。

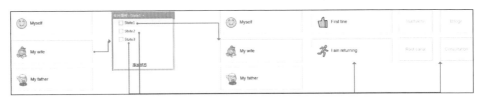

图 5-29

（5）在"卡片面板"动态面板的"State1"状态中，
准备蓝色背景样式，默认隐藏。对于一个按钮，层级从
上到下依次是热区、图片 + 文字、蓝色背景、白色背景，
如图 5-30 所示。

（6）将蓝色背景的矩形自定义名称为"背景 1-1"，
代表着"State1"状态中的第一个卡片式单选按钮。

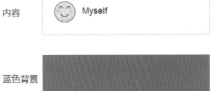

图 5-30

【设计思路】

（1）进度条的变化效果可使用矩形，在触发操作时，调整进度条的尺寸。

（2）单击卡片式单选按钮时，背景上要有颜色的变化，并且背景颜色的变化过程是由左
向右的滑动过程，需要一个隐藏的矩形通过显示操作来实现滑动效果。

（3）在切换步骤时，使用动态面板的切换效果。

【操作步骤】

Step1：选中自定义名称为"卡片面板"中"State1"状态中的热区，如图 5-31 所示，
在第一个热区中添加交互动作如下。

【单击时】：

① 添加【显示】动作，目标选择"背景 1-1"矩形，【可见性】设置为"显示"，【动画】
　 设置为"向右滑动"，【时间】设置为"500 毫秒"。

② 添加【等待】动作，【等待时间】设置为"500ms"。

③ 添加【设置面板状态】动作，目标选择"卡片面板"动态面板，【状态】设置为"State2"。
　 【进入动画】设置为"向左滑动"，【时间】设置为"250 毫秒"；【退出动画】设
　 置为"向左滑动"，【时间】设置为"250 毫秒"。

④ 添加【设置文本】动作，目标选择"标题"，设置文本为"Have you been before？"。

⑤ 添加【设置尺寸】动作，目标选择"进度条"矩形，【宽】设置为"200"，【高】
　 设置为"20"，【锚点】设置为"左侧"，【动画】设置为"线性"，【时间】设置
　 为"250 毫秒"。

Step2： 选中自定义名称为"卡片面板"中"State1"状态中的热区，如图 5-31 所示，在第二个热区中添加交互动作如下。

【单击时】：

① 添加【显示】动作，目标选择"背景 1-2"矩形，【可见性】设置为"显示"，【动画】设置为"向右滑动"，【时间】设置为"500 毫秒"。

② 添加【等待】动作，【等待时间】设置为"500ms"。

③ 添加【设置面板状态】动作，目标选择"卡片面板"动态面板，【状态】设置为"State2"，【进入动画】设置为"向左滑动"，【时间】设置为"250 毫秒"；【退出动画】设置为"向左滑动"，【时间】设置为"250 毫秒"。

④ 添加【设置文本】动作，目标选择"标题"，设置文本为"Have you been before？"。

⑤ 添加【设置尺寸】动作，目标选择"进度条"矩形，【宽】设置为"200"，【高】设置为"20"，【锚点】设置为"左侧"，【动画】设置为"线性"，【时间】设置为"250 毫秒"。

Step3： 选中自定义名称为"卡片面板"中"State1"状态中的热区，如图 5-31 所示，在第三个热区中添加交互动作如下。

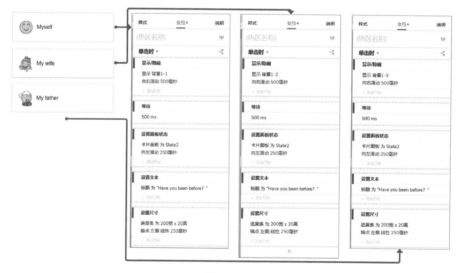

图 5-31

【单击时】：

① 添加【显示】动作，目标选择"背景 1-3"矩形，【可见性】设置为"显示"，【动画】设置为"向右滑动"，【时间】设置为"500 毫秒"。

② 添加【等待】动作，【等待时间】设置为"500ms"。

③ 添加【设置面板状态】动作，目标选择"卡片面板"动态面板，【状态】设置为"State2"。【进入动画】设置为"向左滑动"，【时间】设置为"250 毫秒"；【退出动画】设置为"向左滑动"，【时间】设置为"250 毫秒"。

④ 添加【设置文本】动作，目标选择"标题"，设置文本为"Have you been before？"。

⑤ 添加【设置尺寸】动作，目标选择"进度条"矩形，【宽】设置为"200"，【高】设置为"20"，【锚点】设置为"左侧"，【动画】设置为"线性"，【时间】设置为"250 毫秒"。

Step4：选中自定义名称为"卡片面板"中"State2"状态中的热区，如图 5-32 所示，在第一个热区中添加交互动作如下。

【单击时】：

① 添加【显示】动作，目标选择"背景 2-1"矩形，【可见性】设置为"显示"，【动画】设置为"向右滑动"，【时间】设置为"500 毫秒"。

② 添加【等待】动作，【等待时间】设置为"500ms"。

③ 添加【设置面板状态】动作，目标选择"卡片面板"动态面板，【状态】设置为"State3"，【进入动画】设置为"向左滑动"，【时间】设置为"250 毫秒"；【退出动画】设置为"向左滑动"，【时间】设置为"250 毫秒"。

④ 添加【设置文本】动作，目标选择"标题"，设置文本为"What type of appointment？"。

⑤ 添加【设置尺寸】动作，目标选择"进度条"矩形，【宽】设置为"300"，【高】设置为"20"，【锚点】设置为"左侧"，【动画】设置为"线性"，【时间】设置为"250 毫秒"。

Step5：选中自定义名称为"卡片面板"中"State2"状态中的热区，如图 5-32 所示，在第二个热区中添加交互动作如下。

图 5-32

【单击时】：

① 添加【显示】动作，目标选择"背景 2-2"矩形，【可见性】设置为"显示"，【动画】设置为"向右滑动"，【时间】设置为"500 毫秒"。

② 添加【等待】动作，【等待时间】设置为"500ms"。

③ 添加【设置面板状态】，目标选择"卡片面板"动态面板，【状态】设置为"State3"。【进入动画】设置为"向左滑动"，【时间】设置为"250 毫秒"；【退出动画】设置为"向左滑动"，【时间】设置为"250 毫秒"。

④ 添加【设置文本】动作，目标选择"标题"，设置文本为"What type of appointment？"。

⑤ 添加【设置尺寸】动作，目标选择"进度条"矩形，【宽】设置为"300"，【高】设置为"20"，【锚点】设置为"左侧"，【动画】设置为"线性"，【时间】设置为"250 毫秒"。

【实例总结】

在本实例中，使用了切换面板状态、设置矩形尺寸、显示滑动效果的操作。

我们在单击或悬浮一些操作按钮时，都会有按下效果、悬浮效果。产品不同，按钮的交互反馈也不同。在一些需要明显提示的产品设计中，用户执行按下按钮操作后，给予明显的视觉反馈和转场动画，能够间接地提醒用户操作项与选择项，并且为进入下一步骤起到了强调作用。

5.5 分享效果

【实例 5-5】设计分享效果。

【实例效果】

（1）如图 5-33 所示，在 App 页面中展示列表项信息的默认页面，选择一条展示信息，向左滑动，展示"删除""分享""锁定"3 个操作按钮，按钮以逆时针 180° 的方式展示。

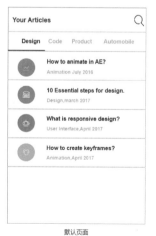

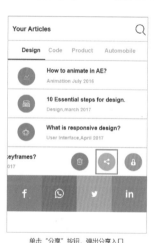

默认页面　　　　　　　　向左滑动，展示操作按钮　　　　　　单击"分享"按钮，弹出分享入口

图 5-33

（2）单击"分享"按钮，在当前信息列表项下方，页面向下滑动，从左到右依次显示 4 个分享社区的按钮入口。

（3）单击 4 个分享社区按钮，完成整个分享的流程。

【实例准备】

（1）如图 5-34 所示，在 App 页面中展示页面信息，在用户操作的信息列表项中放置一个动态面板，自定义名称为"滑动面板 1"。

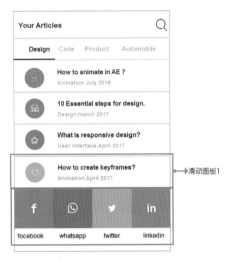

图 5-34

（2）在"滑动面板 1"动态面板的下方，放置自定义名称为"facebook""whatsapp""twitter""linkedin" 4 个组合，由图标和蓝色背景的矩形组合而成，默认隐藏。

（3）如图 5-35 所示，在"滑动面板 1"动态面板中，含有"滑动面板 2"。

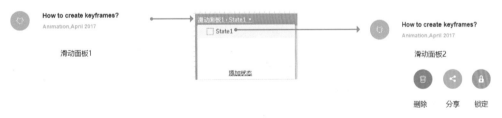

图 5-35

（4）放置 3 个自定义名称为"删除""分享""锁定"的操作按钮，按钮的表现形式为白色的图标加有填充色的圆形，放在"滑动面板 2"的右侧位置。

（5）将"滑动面板 2"动态面板置于顶层，覆盖"删除""分享""锁定"3 个操作按钮。

【设计思路】

（1）通过"滑动面板 1"动态面板的【拖动】交互事件，可以移动"滑动面板 2"动态面板，实现拖动的效果。

（2）向左滑动时，移动"滑动面板 2"动态面板到指定位置，以展示"删除""分享""锁定"3 个操作按钮。

（3）因为"删除""分享""锁定"这 3 个操作按钮在默认状态下是显示状态，只是被"滑动面板 2"动态面板覆盖了，所以"滑动面板 2"动态面板向左滑动时已经显示，但是需要增加转场动画。

（4）在移动"滑动面板 2"动态面板时，先将"删除""分享""锁定"3 个操作按钮顺时针旋转 180°，待移动"滑动面板 2"动态面板到指定位置后，再将"删除""分享""锁定"3 个操作按钮顺时针旋转 0°。为了让旋转的过程具有层次感，旋转时可设置一些延时效果。

（5）单击"分享"按钮时，向下滑动显示"facebook""whatsapp""twitter""linkedin"4 个矩形组合。为了让这 4 个组合具有层次感，在向下滑动显示的过程中，可设置一些延时效果。

【操作步骤】

Step1： 如图 5–36 所示，选中"滑动面板 1"动态面板，添加交互动作如下。

图 5–36

【拖动时】：

（1）默认先将 3 个按钮旋转 180°，并且此时是隐藏状态。

① 添加【旋转】动作，目标选择"锁定"组合，【旋转】设置为"到达"，【角度】设置为"180°"，【方向】设置为"顺时针"，【锚点】设置为"中心"。

② 添加【旋转】动作，目标选择"分享"组合，【旋转】设置为"到达"，【角度】设置为"180°"，【方向】设置为"顺时针"，【锚点】设置为"中心"。

③ 添加【旋转】动作，目标选择"删除"组合，【旋转】设置为"到达"，【角度】设置为"180°"，【方向】设置为"顺时针"，【锚点】设置为"中心"。

（2）移动"滑动面板 2"动态面板后，旋转显示 3 个按钮。

① 添加【移动】动作，目标选择"滑动面板 2"动态面板，【移动】为"到达"，【X】设置为"–227"，【Y】设置为"0"，【动画】设置为"线性"，【时间】设置为"250ms"。

② 添加【等待】动作，【等待时间】设置为"250ms"。

③ 添加【旋转】动作，目标选择"锁定"组合，【旋转】设置为"到达"，【角度】设置为"0°"，【方向】设置为"顺时针"，【锚点】设置为"中心"。

④ 添加【等待】动作，【等待时间】设置为"100ms"。

⑤ 添加【旋转】动作，目标选择"分享"组合，【旋转】设置为"到达"，【角度】设置为"0°"，【方向】设置为"顺时针"，【锚点】设置为"中心"。

⑥ 添加【等待】动作，【等待时间】设置为"100ms"。

⑦ 添加【旋转】动作，目标选择"删除"组合，【旋转】设置为"到达"，【角度】设置为"0°"，【方向】设置为"顺时针"，【锚点】设置为"中心"。

Step2：如图 5-37 所示，选中"分享"组合，添加交互动作如下。

【单击时】：

① 添加【显示】动作，目标选择"facebook"组合，【可见性】设置为"显示"，【动画】设置为"向下滑动"，【时间】设置为"250 毫秒"。

② 添加【等待】动作，【等待时间】设置为"50ms"。

③ 添加【显示】动作，目标选择"whatsapp"组合，【可见性】设置为"显示"，【动画】设置为"向下滑动"，【时间】设置为"250 毫秒"。

④ 添加【等待】动作，【等待时间】设置为"50ms"。

⑤ 添加【显示】动作，目标选择"twitter"组合，【可见性】设置为"显示"，【动画】设置为"向下滑动"，【时间】设置为"250 毫秒"。

⑥ 添加【等待】动作，【等待时间】设置为"50ms"。

⑦ 添加【显示】动作，目标选择"linkedin"组合，【可见性】设置为"显示"，【动画】设置为"向下滑动"，【时间】设置为"250 毫秒"。

图 5-37

【实例总结】

在移动端产品中，使用分享功能时，我们见到的产品设计大多是在页面下方弹出分享对话框，再选择分享入口。在鼓励使用分享功能的产品设计中，可以用更轻量级、交互更平滑的设计来减少产品流程，就是直接在列表或详情内容的分享入口附近展示分享社区，让整个分享的过程更直接、更平滑，并且可以提高分享成功率与转化率。

当然，在产品设计的过程中，同样要考虑创新了一种交互方式是否会对用户的使用习惯造成影响，如果造成了影响，则需要权衡利弊。

本实例中，巩固了动态面板的拖动、元件的旋转、组合的展示等操作，通过在展示过程中增加延时，以达到更有层次感地展示元件效果的目的。

5.6　选座系统展开效果

选座系统展开效果

【实例 5-6】设计选座系统展开效果。

【实例效果】

（1）图 5-38 所示为一个购买电影票的 App，在列表页面中单击列表，弹出浮层，展示选中电影的简单信息。

列表页面

单击，出现浮层

单击"Book"按钮，展开浮层

图 5-38

（2）单击"Book"按钮，浮层放大并且向上移动，从中间位置向上、下方向展开，展示选座内容。

（3）单击"Confirm Reservation"按钮，隐藏浮层。

（4）如图 5-39 所示，勾选了"座位"后，选择的座位数和价格会发生变化。

【实例准备】

（1）如图 5-40 所示，准备展示电影封面的列表页面。

图 5-39　　　　　　　　　　　　　　　图 5-40

（2）如图 5-41 所示，在 App 的列表页面中自定义名称为"浮层"的动态面板，分别放置自定义名称为"1""2""3"的 3 个组合，"浮层"动态面板的默认尺寸设置为 298 像素 ×239 像素，置于底层。

图 5-41

（3）在"浮层"动态面板的"State1"状态中，组合"1"的默认位置设置为（0,10），组合"2"的默认位置设置为（6,0），组合"3"的默认位置设置为（14,204）。

（4）组合"2"默认设置为隐藏。

（5）如图 5-42 所示，空白的"座位"放置动态面板，可以在"空白"和"已选中"两种样式间进行切换，并且选中座位时，座位的"数量"与"价格"会发生数值的变化。

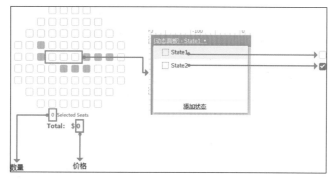

图 5-42

【设计思路】

（1）在"浮层"动态面板中，单击"Book"按钮，面板尺寸增加。为了让组合"2"的显示过程像是从中间向上、下两侧展开，"浮层"动态面板向上移动，"浮层"动态面板尺寸向下放大，隐藏的组合"2"从默认的（6,0）位置移动到（6,206）位置，这样在视觉效果上看不到组合"2"的移动过程，又因为组合"1"和组合"3"有向上和向下的视觉移动效果，组合"2"就像是从中间向上、下展开出现的。

（2）在"座位"动态面板中，通过单击"座位"，当前选择的"价格"和"数量"会发生数值的变化。

（3）单击列表中的电影，展示"浮层"动态面板。

（4）单击"浮层"中的"Confirm Reservation"按钮，隐藏"浮层"动态面板，并且置于底层，还原位置。

【操作步骤】

Step1：如图 5-43 所示，在列表页面中选择列表图片，添加交互动作如下。

【单击时】：

① 添加【置于顶层】动作，目标选择"浮层"动态面板，【顺序】设置为"置于顶层"。

② 添加【移动】动作，目标选择"浮层"动态面板，【移动】为"到达"，【X】坐标为"76"，【Y】坐标为"253"，【动画】设置为"线性"，【时间】设置为"250ms"。

图 5-43

Step2：在"浮层"动态面板中，组合"3"的两个按钮"Book"和"Confirm Reservation"如图 5-44 所示。选中"Book"按钮，添加交互动作如下。

【单击时】：

① 添加【移动】动作，目标选择"2"组合，【移动】为"到达"，【X】坐标为"6"，【Y】坐标为"206"，【动画】设置为"线性"，【时间】设置为"250ms"。

② 添加【移动】动作，目标选择"3"组合，【移动】为"到达"，【X】坐标为"14"，【Y】坐标为"528"，【动画】设置为"线性"，【时间】设置为"250ms"。

③ 添加【移动】动作，目标选择"浮层"动态面板，【移动】为"到达"，【X】坐标为"76"，【Y】坐标为"79"，【动画】设置为"线性"，【时间】设置为"250ms"。

④ 添加【显示】动作，目标选择"2"组合，【可见性】设置为"显示"，【动画】设置为"逐渐"，【时间】设置为"250 毫秒"。

⑤ 添加【设置尺寸】动作，目标选择"浮层"动态面板，【宽】设置为"298"，【高】设置为"567"，【锚点】设置为"顶部"，【动画】设置为"线性"，【时间】设置为"250 毫秒"。

Step3：在"浮层"动态面板中，选中"Confirm Reservation"按钮，如图 5-44 所示，添加交互动作如下。

【单击时】：

① 添加【置于底层】动作，目标选择"浮层"动态面板，【顺序】设置于"置于底层"。

② 添加【移动】动作，目标选择"3"组合，【移动】为"到达"，【X】坐标为"14"，【Y】坐标为"204"。

③ 添加【移动】动作，目标选择"2"组合，【移动】为"到达"，【X】坐标为"6"，【Y】坐标为"0"。

④ 添加【移动】动作，目标选择"浮层"动态面板，【移动】为"到达"，【X】坐标为"76"，【Y】坐标为"430"。

⑤ 添加【设置尺寸】动作，目标选择"浮层"动态面板，【宽】设置为"298"，【高】设置为"239"，【锚点】设置为"顶部"。

⑥ 添加【隐藏】动作，目标选择"2"组合，【可见性】设置为"隐藏"。

图 5-44

Step4：如图 5-45 所示，选中"座位"动态面板，添加交互动作如下。

【单击时】：添加【设置面板状态】动作，目标选择"当前"，【状态】设置为"下一项"。

Step5：选中"座位"动态面板，添加交互动作如下。

【状态改变时】Case1：

① 添加条件判断，【面板状态】【当前】【==】【状态】【State1】。

② 添加【设置变量值】动作，目标选择"X"全局变量，设置全局变量值为"[[X-1]]"。

③ 添加【设置文本】动作，目标选择"价格"，设置文本为"[[X*14.99]]"。

④ 添加【设置文本】动作，目标选择"数量"，设置文本为"[[X]]"。

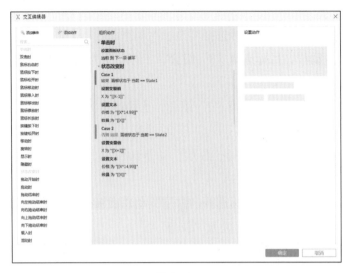

图 5-45

Step6：选中"座位"动态面板，添加交互动作如下。

【状态改变时】Case2：

① 添加条件判断，【面板状态】【当前】【==】【状态】【State2】。

② 添加【设置变量值】动作，目标选择"X"全局变量，设置全局变量值为"[[X+1]]"。

③ 添加【设置文本】动作，目标选择"价格"，设置文本为"[[X*14.99]]"。

④ 添加【设置文本】动作，目标选择"数量"，设置文本为"[[X]]"。

【实例总结】

在有关很多电商类产品或团购类产品的产品流程设计中，我们会循规蹈矩地遵循着"查看信息"-"购买"-"选规格"-"确认订单"-"支付"的流程，不仅复杂、步骤繁多，而且因为设计不合理等因素可能会导致用户流失率增加。

精简的设计可以通过简单的浮层实现，最后只需要支付即可，极大地简化了整个产品流程。但是，如果把浮层做得太复杂，也要权衡得失。本实例只提供了一种交互思路，是否符合用户预期，前端实现是否太过复杂，展示信息是否太过精简、不符合要求，都是需要考虑的。

5.7 聊天窗口发送图片效果

【实例 5-7】设计聊天窗口发送图片效果。

【实例效果】

（1）如图 5-46 所示，在 im 聊天窗口中，通过单击左下角的"添加"按钮，逆时针旋转展示"Location""document""photos""camera"4 个组合，并且"添加"按钮样式变为"关闭"按钮样式。

聊天窗口发送
图片效果

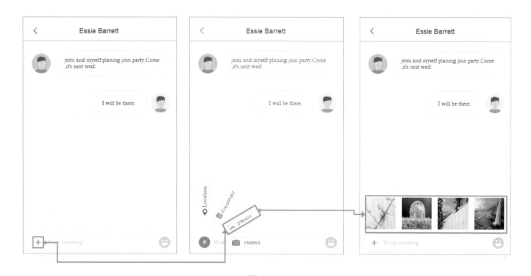

图 5-46

（2）单击"关闭"按钮，顺时针旋转隐藏"Location""document""photos""camera"4个组合，并且"关闭"按钮样式变为"添加"按钮样式。

（3）单击"photos"组合时，旋转隐藏"Location""document""photos""camera"4个组合，并且"关闭"按钮样式变为"添加"按钮样式，向上滑动展示4张图片。

（4）红框中的4张图片，单击后隐藏。

【实例准备】

（1）准备 im 聊天页面，默认状态下如图 5-47 所示。

（2）准备"Location""document""photos""camera"4个组合控件，默认放在"添加"动态面板的右侧，默认隐藏，如图 5-48 所示。

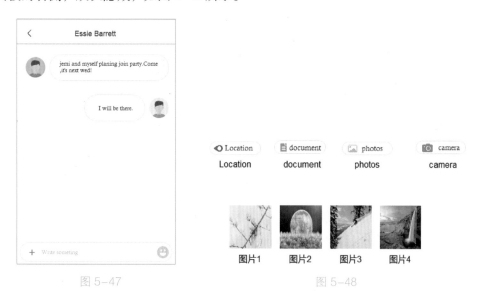

图 5-47　　　　　　　　　　　　　　　　　图 5-48

（3）准备"图片 1""图片 2""图片 3""图片 4"4 张图片，放置在输入文本框上方，默认隐藏。

（4）准备"添加面板"动态面板，其中有"添加""关闭"两种状态，如图 5-49 所示。

图 5-49

【设计思路】

（1）"添加面板"动态面板中有两种状态："添加"和"关闭"。单击"添加面板"动态面板中的按钮可以切换状态，控制"Location""document""photos""camera"4 个组合显示时，会依次从水平位置向垂直位置旋转出现；关闭隐藏时，这 4 个组合会依次从垂直位置向水平位置旋转隐藏。

（2）选择【photos】时，隐藏"Location""document""photos""camera"4 个组合，"添加面板"动态面板变为"添加"状态。图 5-46 红框中的 4 张图片依次向上滑动显示。

（3）单击需要发送的图片，向下滑动隐藏图 5-46 红框中的 4 张图片。

【操作步骤】

Step1：如图 5-50 所示，在"添加面板"动态面板的"添加"状态中，选择"添加"按钮，添加交互动作如下。

【单击时】：

（1）切换"添加"按钮，并且显示 4 个组合。

① 添加【设置面板状态】动作，目标选择"添加面板"，【状态】设置为"关闭"。

② 添加【显示】动作，目标选择"Location"组合，【可见性】设置为"显示"。

③ 添加【显示】动作，目标选择"document"组合，【可见性】设置为"显示"。

④ 添加【显示】动作，目标选择"photos"组合，【可见性】设置为"显示"。

⑤ 添加【显示】动作，目标选择"camera"组合，【可见性】设置为"显示"。

（2）旋转 4 个组合到指定角度的指定位置。

① 添加【旋转】动作，目标选择"photos"组合，【旋转】设置为"经过"，【角度】设置为"30"，【方向】设置为"逆时针"，【锚点】设置为"左侧"，【锚点偏移】中【X】设置为"-60°"，【Y】设置为"0"，【动画】设置为"线性"，【时间】设置为"250ms"。

② 添加【旋转】动作，目标选择"document"组合，【旋转】设置为"经过"，【角度】设置为"60°"，【方向】设置为"逆时针"，【锚点】设置为"左侧"，【锚点偏移】中【X】设置为"-60°"，【Y】设置为"0"，【动画】设置为"线性"，【时间】设置为"250ms"。

③ 添加【旋转】动作，目标选择"Location"组合，【旋转】设置为"经过"，【角度】设置为"90°"，【方向】设置为"逆时针"，【锚点】设置为"左侧"，【锚点偏移】中【X】

设置为"-60°"，【Y】设置为"0"，【动画】设置为"线性"，【时间】设置为"250ms"。

Step2：如图 5-50 所示，在"添加面板"动态面板的"关闭"状态中，选择"关闭"按钮，添加交互动作如下。

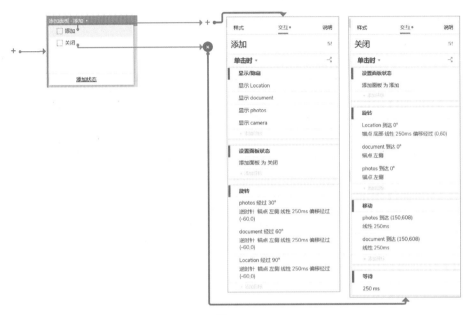

图 5-50

【单击时】：

（1）切换"添加"按钮，旋转 4 个组合到初始角度。

① 添加【设置面板状态】动作，目标选择"添加面板"，【状态】设置为"添加"。

② 添加【旋转】动作，目标选择"Location"组合，【旋转】设置为"到达"，【角度】设置为"0"，【方向】设置为"顺时针"，【锚点】设置为"底部"，【锚点偏移】中【X】设置为"0"，【Y】设置为"60"，【动画】设置为"线性"，【时间】设置为"250ms"。

③ 添加【旋转】动作，目标选择"document"组合，【旋转】设置为"到达"，【角度】设置为"0"，【方向】设置为"顺时针"，【锚点】设置为"左侧"。

④ 添加【旋转】动作，目标选择"photos"组合，【旋转】设置为"到达"，【角度】设置为"0"，【方向】设置为"顺时针"，【锚点】设置为"左侧"。

（2）移动 4 个组合到初始位置。

① 添加【移动】动作，目标选择"photos"组合，【移动】为"到达"，【X】设置为"150"，【Y】设置为"608"，【动画】设置为"线性"，【时间】设置为"250ms"。

② 添加【移动】动作，目标选择"document"组合，【移动】为"到达"，【X】设置为"150"，【Y】设置为"608"，【动画】设置为"线性"，【时间】设置为"250ms"。

③ 添加【等待】动作，【等待时间】设置为"250ms"。

（3）隐藏 4 个组合。

① 添加【隐藏】动作，目标选择"Location"组合，【可见性】设置为"隐藏"。

② 添加【隐藏】动作，目标选择 "document" 组合，【可见性】设置为 "隐藏"。

③ 添加【隐藏】动作，目标选择 "photos" 组合，【可见性】设置为 "隐藏"。

④ 添加【隐藏】动作，目标选择 "camera" 组合，【可见性】设置为 "隐藏"。

Step3： 如图 5-51 所示，选中 "photos" 组合，添加交互动作如下。

【单击时】：

（1）切换 "添加" 按钮，旋转 4 个组合到初始角度。

① 添加【设置面板状态】动作，目标选择 "添加面板"，【状态】设置为 "添加"。

② 添加【旋转】动作，目标选择 "Location" 组合，【旋转】设置为 "到达"，【角度】设置为 "0"，【方向】设置为 "顺时针"，【锚点】设置为 "底部"，【锚点偏移】中【X】设置为 "0"，【Y】设置为 "60"，【动画】设置为 "线性"，【时间】设置为 "250ms"。

③ 添加【旋转】动作，目标选择 "document" 组合，【旋转】设置为 "到达"，【角度】设置为 "0"，【方向】设置为 "顺时针"，【锚点】设置为 "左侧"。

④ 添加【旋转】动作，目标选择 "photos" 组合，【旋转】设置为 "到达"，【角度】设置为 "0"，【方向】设置为 "顺时针"，【锚点】设置为 "左侧"。

（2）移动 4 个组合到初始位置。

① 添加【移动】动作，目标选择 "photos" 组合，【移动】为 "到达"，【X】设置为 "150"，【Y】设置为 "608"，【动画】设置为 "线性"，【时间】设置为 "250ms"。

② 添加【移动】动作，目标选择 "document" 组合，【移动】为 "到达"，【X】设置为 "150"，【Y】设置为 "608"，【动画】设置为 "线性"，【时间】设置为 "250ms"。

③ 添加【等待】动作，【等待时间】设置为 "250ms"。

（3）隐藏 4 个组合。

① 添加【隐藏】动作，目标选择 "Location" 组合，【可见性】设置为 "隐藏"。

② 添加【隐藏】动作，目标选择 "document" 组合，【可见性】设置为 "隐藏"。

③ 添加【隐藏】动作，目标选择 "photos" 组合，【可见性】设置为 "隐藏"。

④ 添加【隐藏】动作，目标选择 "camera" 组合，【可见性】设置为 "隐藏"。

（4）依次显示 4 张图片。

① 添加【显示】动作，目标选择 "图片 1"，【可见性】设置为 "显示"，【动画】设置为 "向上滑动"，【时间】设置为 "250ms"。

② 添加【等待】动作，【等待时间】设置为 "50ms"。

③ 添加【显示】动作，目标选择 "图片 2"，【可见性】设置为 "显示"，【动画】设置为 "向上滑动"，【时间】设置为 "250ms"。

④ 添加【等待】动作，【等待时间】设置为 "50ms"。

⑤ 添加【显示】动作，目标选择 "图片 3"，【可见性】设置为 "显示"，【动画】设置为 "向上滑动"，【时间】设置为 "250ms"。

⑥ 添加【等待】动作，【等待时间】设置为"50ms"。

⑦ 添加【显示】动作，目标选择"图片 4"，【可见性】设置为"显示"，【动画】设置为"向上滑动"，【时间】设置为"250ms"。

图 5-51

Step4： 如图 5-52 所示，选中"图片 1"，添加交互动作如下。

【单击时】Case1：

① 添加【隐藏】动作，目标选择"图片 1"，【可见性】设置为"隐藏"。

② 添加【隐藏】动作，目标选择"图片 2"，【可见性】设置为"隐藏"。

③ 添加【隐藏】动作，目标选择"图片 3"，【可见性】设置为"隐藏"。

④ 添加【隐藏】动作，目标选择"图片 4"，【可见性】设置为"隐藏"。

图 5-52

【实例总结】

在聊天窗口中添加发送的内容时，国内产品较传统的做法是在输入的位置选择需要添加的内容。这种交互方式是最常用的，但我们也要创新更便捷的交互方式。此实例中把需要添加的内容围绕在【添加】按钮周围，便于用户快速选择，让添加过程更加连贯并且增加了旋转的交互效果，转场动画更加流畅。

当选择添加图片时，系统会默认展示最近在系统相册中创建的图片，便于用户快速选择近期使用的图片，从而减少了用户的决策与操作时间。

所以，大家在做产品和交互的过程中，不要循规蹈矩地参考标准案例，要多思考、多创新：什么样的产品才更容易实现用户的目标？什么样的操作流程更便捷、流畅？什么样的交互过程才是体验最佳的？

实战练习

如图 5-53 所示，在电商平台中，当光标悬浮在左侧图片区域时，右侧会出现两倍放大效果的图片预览效果，以便用户更清晰地查看物品内容。并且放大区域会跟随光标的移动而改变。

当光标悬浮于左侧下方的三张小图上时，左侧的大图也会实时改变图片内容。

思考：如何使用 Axure 来实现上述效果？

图 5-53

Chapter

06

第 6 章
综合实战案例解析

6.1　网易云音乐

　　网易云音乐是一款有情怀的产品，吸引了很多用户。在产品设计中，它有很多值得我们研究的交互效果：简洁的页面，根据专辑页颜色而渐变的背景，唱片的旋转效果，听歌时单击唱片可以查看歌词，左右滑动可以切换歌曲等，相较于其他音乐软件，这些交互效果都是非常人性化的。

图 6-1

【实例效果】

　　（1）在【页面】窗口中，进行页面布局，如图 6-1 所示。

　　（2）在"版本记录"中，记录当前原型版本的版本号、版本 / 修改内容、修改人、提交日期，如图 6-2 所示。

版本记录：

版本号	版本/修改内容	修改人	提交日期
V4.1.2	-歌手页可以多选歌曲进行操作了 -修复已知问题，提升使用体验 使用中遇到任何问题，请通过"账号"-"关于"-"帮助与反馈"告诉我们，我们会尽快与你联系！	--	2017-07-25

图 6-2

　　（3）在"产品框架图"中使用思维导图软件拆解网易云音乐 App 的产品框架，如图 6-3 所示。

产品框架图：

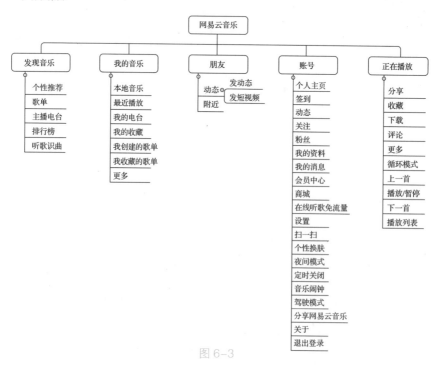

图 6-3

（4）在"发现音乐"页面中，单击"个性推荐""歌单""主播电台""排行榜"4 个 tab 标签中的某一个后，当前标签文字颜色会变为红色（选中色），下方的红色指示条会移动到当前选中的 tab 标签下方，并且改变尺寸，以适应当前选中的 tab 标签，如图 6-4 所示。

（5）单击"个性推荐""歌单""主播电台""排行榜"4 个 tab 标签可以切换页面，如图 6-5 所示。

（6）在"我的音乐"页面中展示音乐列表导航，如图 6-6 所示。

（7）在"朋友"页面中，挑选"发动态"流程进行梳理，功能流程如图 6-7 所示。

（8）在"朋友"页面中，根据"发动态"的流程进行原型页面的布局，如图 6-8 所示。

图 6-4

图 6-5

图 6-6

图 6-7

图 6-8

（9）在"账号"页面中展示个人相关功能的导航入口，如图 6-9 所示。

（10）"正在播放"页面，如图 6-10 所示。

① 单击"开始／暂停"按钮控制音乐的播放，播放时进度条向右滑动，时间秒数每秒加 1，唱片旋转。

② 暂停时，进度条停止向右滑动，时间秒数停止变化，唱片停止旋转。

③ 单击"唱针"可以让"唱针"发生移动，并且可以控制音乐的播放与暂停。

④ "进度条"可以单击，单击后当前进度移动到单击位置，并且"当前播放时间"变化为当前歌曲进度所表示的时间进度。

⑤ "进度条"可以拖动，拖动结束后，当前进度移动到拖动位置，并且"当前播放时间"变化为当前歌曲进度所表示的时间进度。

⑥ 播放完成后，自动单曲循环播放。

图 6-9

图 6-10

（11）在"demo"页面中，将所有的页面内容都放在自定义名称为"网易云音乐"动态面板的不同状态中，并且在动态面板中实现页面跳转，如图 6-11 所示。

图 6-11

【实例准备】

（1）如图 6-12 所示，自定义名称为"网易云音乐"的动态面板中包含"发现音乐""我的音乐""朋友""账号""正在播放"5 种状态。

图 6-12

（2）在"发现音乐"状态中，顶部红框部分放置自定义名称为"个性推荐""歌单""主播电台""排行榜"4 个 tab 标签。选中这 4 个 tab 标签，单击鼠标右键，选择【设置选项组】可以设置单选按钮效果，选择【设置交互样式】可以设置当前按钮的按下效果，如图 6-13 所示。

（3）Tab 标签下方会有大小和位置跟随选中项变化的红色矩形，自定义名称为"红色选中条"，它可以在标签切换选择时移动位置，并且改变尺寸。

（4）在"demo"动态面板的"发现音乐"状态中，放置"发现页面"动态面板，如图 6-14 所示，其中有 4 种状态："个性推荐""歌单""主播电台""排行榜"，用于展示 4 个 tab 标签页面。

图 6-13

图 6-14

（5）在底部"发现音乐""我的音乐""朋友""账号"4 个导航按钮上方放置 4 个热区，供单击操作使用。使用热区的目的是便于在不同页面中执行相同操作，直接复制热区元件到其他页面即可。

（6）在"正在播放"状态中，如图 6-15 所示。

① 上方放置"唱针"图片，用于旋转"唱针"来控制播放和暂停。

② "唱片"图片用于播放过程中模仿唱片的旋转效果。

③ "进度条"动态面板用于在播放过程中展示当前音乐进度，并且具有拖动、单击效果。

④ "开始 / 暂停"动态面板用于控制音乐的播放与暂停。

⑤ "分"矩形与"秒"矩形用于展示当前音乐播放进度。

⑥ 放置透明的"循环面板"动态面板，因为在播放过程中要想持续地执行动作，就要使用动态面板的【状态改变时】交互事件，提前设置好动态面板的循环效果，就可以在动态面板每次切换状态时执行交互动作。

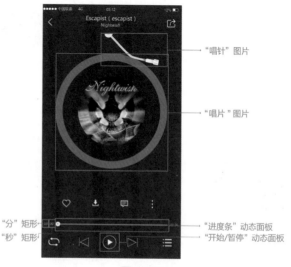

图 6-15

【操作步骤】

Step1: 如图 6-16 所示，在"demo"动态面板的"发现音乐"状态中，对上方 4 个 tab 标签进行设置。

Step2: 如图 6-17 所示，选中"个性推荐""歌单""主播电台""排行榜"4 个 tab 标签，单击鼠标右键，在弹出的快

图 6-16

捷菜单中选择【选项的组】，设置选项组的名称为【发现音乐 tab 标签】。4 个 tab 标签组即组成一个单选按钮组，每个按钮被选中后，其他按钮便取消选中效果。

Step3：选择"个性推荐"矩形，单击鼠标右键，在弹出的快捷菜单中单击【交互样式】按钮，在【交互样式设置】窗口中设置【选中】效果样式，勾选【字色】，设置为"红色"，如图 6-18 所示。

图 6-17　　　　　　　　　　　　　　　图 6-18

Step4：依次设置其他按钮，或者复制设置好的"个性推荐"矩形，改动矩形中的文字和自定义名称。

Step5：选中"个性推荐"按钮，添加交互动作，如图 6-19 所示。

图 6-19

【单击时】：

① 添加【移动】动作，目标选择"红线"矩形，【移动】为"到达"，【X】设置为"40"，【Y】设置为"317"，【动画】设置为"线性"，【时间】设置为"250ms"。

② 添加【设置尺寸】动作，目标选择"红线"矩形，【宽】设置为"300"，【高】设置为

"10"，【锚点】设置为"居中"。

③ 添加【设置选中】动作，目标选择"当前"，设置选中状态为：【值】【真】。

④ 添加【设置面板状态】动作，目标选择"发现音乐"动态面板，【状态】设置为"个性推荐"。

Step6： 选中"歌单"按钮，添加交互动作，如图 6-20 所示。

【单击时】：

① 添加【移动】动作，目标选择"红线"矩形，【移动】为"到达"，【X】设置为"388"，【Y】设置为"317"，【动画】设置为"线性"，【时间】设置为"250ms"。

② 添加【设置尺寸】动作，目标选择"红线"矩形，【宽】设置为"168"，【高】设置为"10"，【锚点】设置为"居中"。

③ 添加【设置选中】动作，目标选择"当前元件"，设置选中状态为：【值】【真】。

④ 添加【设置面板状态】动作，目标选择"发现音乐"动态面板，【状态】设置为"歌单"。

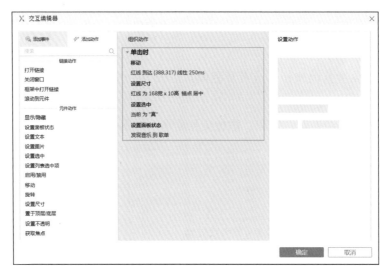

图 6-20

Step7： 选中"主播电台"按钮，添加交互动作，如图 6-21 所示。

【单击时】：

① 添加【设置选中】动作，目标选择"当前"，设置选中状态为：【值】【真】。

② 添加【设置面板状态】动作，目标选择"发现音乐"动态面板，【状态】设置为"主播电台"。

③ 添加【移动】动作，目标选择"红线"矩形，【移动】为"到达"，【X】设置为"644"，【Y】设置为"317"，【动画】设置为"线性"，【时间】设置为"250ms"。

④ 添加【设置尺寸】动作，目标选择"红线"矩形，【宽】设置为"300"，【高】设置为"10"，【锚点】设置为"居中"。

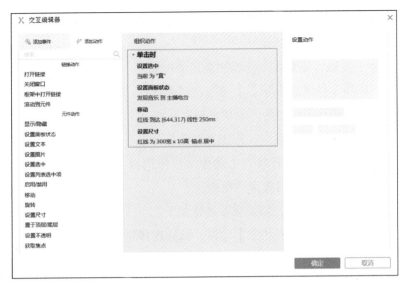

图 6-21

Step8：选中"排行榜"按钮，添加交互动作，如图 6-22 所示。

【单击时】：

① 添加【设置选中】动作，目标选择"当前"，设置选中状态为：【值】【真】。

② 添加【设置面板状态】动作，目标选择"发现音乐"动态面板，【状态】设置为"排行榜"。

③ 添加【移动】动作，目标选择"红线"矩形，【移动】为"到达"，【X】设置为"939"，【Y】设置为"317"，【动画】设置为"线性"，【时间】设置为"250ms"。

④ 添加【设置尺寸】动作，目标选择"红线"矩形，【宽】设置为"244"，【高】设置为"10"，【锚点】设置为"居中"。

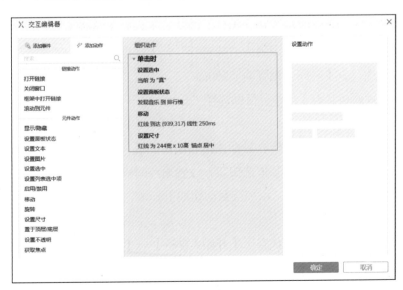

图 6-22

Step9：在"发现音乐"页面底部的导航栏中增加四个热区，分别自定义名称为"发现

音乐热区""我的音乐热区""朋友热区"和"账号热区",如
图 6-23 所示。

图 6-23

Step10：选中"发现音乐热区",添加交互动作如下。

【单击时】：添加【设置面板状态】动作,目标选择"网易
云音乐"动态面板,【状态】设置为"发现音乐"。

Step11：选中"我的音乐热区",添加交互动作如下。

【单击时】：添加【设置面板状态】动作,目标选择 "网
易云音乐"动态面板,【状态】设置为"我的音乐"。

Step12：选中"朋友"热区,添加交互动作如下。

【单击时】：添加【设置面板状态】动作,目标选择"网易
云音乐"动态面板,【状态】设置为"朋友"。

Step13：选中"账号热区",添加交互动作如下。

【单击时】：添加【设置面板状态】动作,目标选择"网易
云音乐"动态面板,【状态】设置为"账号"。

Step14：4 个热区中的交互事件设置好后,复制这 4 个热区,粘贴到"歌单""主播电台"
"排行榜"页面中,实现相同的元件快速复用。

Step15：在"demo"动态面板的"正在播放"状态中,设置播放与暂停效果,如图 6-15
所示。

Step16："开始 / 暂停"动态面板中,有"开始"和"暂停"两种状态。

Step17：选中"唱针"图片,添加交互动作,如图 6-24 所示。

【单击时】Case1：

① 添加判断条件：如果面板状态【开始 / 暂停】==【开始】。

② 添加【旋转】动作,目标选择"唱针"图片,【旋转】设置为"经过",【角度】设
　置为"23°",【方向】设置为"顺时针",【锚点】设置为"左上",【动画】设
　置为"线性",【时间】设置为"250ms"。

③ 添加【设置面板状态】动作,目标选择"开始 / 暂停"动态面板,【状态】设置为"暂
　停"。

④ 添加【设置面板状态】动作,目标选择"循环面板"动态面板,【状态】设置为"下
　一项",勾选"向后循环"单选按钮,设置循环间隔为"100 毫秒"。

Step18：选中"唱针"图片,添加交互动作如下。

【单击时】Case2：

① 添加判断条件：如果面板状态于【开始 / 暂停】==【暂停】。

② 添加【设置面板状态】动作,目标选择"开始 / 暂停"动态面板,【状态】设置为"开始"。

③ 添加【设置面板状态】动作,目标选择"循环面板"动态面板,【状态】设置为"停
　止循环"。

④ 添加【旋转】动作，目标选择"唱针"图片，【旋转】设置为"经过"，【角度】设置为"23°"，【方向】设置为"逆时针"，【锚点】设置为"左上"，【动画】设置为"线性"，【时间】设置为"250ms"。

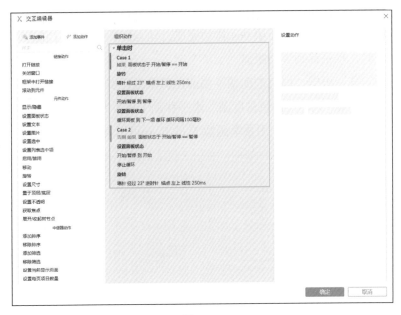

图 6-24

Step19：选中"循环面板"，添加交互动作，如图 6-25 所示。

【状态改变时】Case1：

① 添加条件判断，如果"[[LVAR1.x]]"<"-30"。其中，【LVAR1】=【元件】【白色进度条】。

② 添加【移动】动作，目标选择"白色进度条"动态面板，【移动】为"经过"，【X】设置为"1"，【Y】设置为"0"。

③ 添加【旋转】动作，目标选择"旋转唱片"组合，【旋转】设置为"经过"，【角度】设置为"1°"，【方向】设置为"顺时针"，【锚点】设置为"中心"。

④ 添加【设置文本】动作，目标选择"秒"矩形，设置文本为"[[Math.floor((LVAR1.x+990)/10%60)]]"。其中，"LVAR1"=【元件】【白色进度条】。

⑤ 添加【设置文本】动作，目标选择"分"矩形，设置文本为"[[Math.floor((LVAR1.x+990)/10/60)]]"。其中，"LVAR1"=【元件】【白色进度条】。

Step20：选中"循环面板"，添加交互动作，如图 6-25 所示。

【状态改变时】Case2：

① 添加条件判断，如果"[[LVAR1.x]]">="-30"。其中，"LVAR1"=【元件】【白色进度条】。

② 添加【移动】动作，目标选择"白色进度条"动态面板，【移动】为"到达"，【X】设置为"-990"，【Y】设置为"0"。

③ 添加【设置面板状态】动作，目标选择"开始/暂停"动态面板，【状态】设置为

"暂停"。

Step21：逻辑分析。

① 通过条件判断当前进度是否完成。如果未完成，则继续进行；如果已完成，则让"白色进度条"回到初始位置。

② 一共有 960 个水平距离，希望 96s 移动完成，动态面板每 100ms 状态改变一次，所以状态改变时，水平移动 1 个距离。

③ "秒"和"分"根据"白色进度条"当前位置来进行实时数字改变。

④ "LVAR1.x+990"判断"白色进度条"水平移动了多少距离，除以 60 的结果作为分，"%60"的结果作为秒，使用数学函数 Math.floor 可以对结果取整。

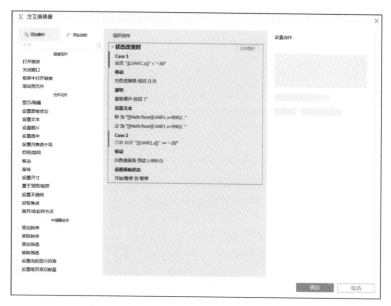

图 6-25

Step22：在"进度条"动态面板中，放置"白色进度条"动态面板表示当前进度，移动"白色进度条"动态面板，可以呈现当前音乐的播放进度，如图 6-26 所示。

图 6-26

Step23：选中"进度条"动态面板，添加交互动作，如图 6-27 所示。

【单击时】：

① 添加【移动】动作，目标选择"白色进度条"，【移动】为"到达"，【X】设置为"[[Cursor.x-166-990]]"，【Y】设置为"0"。其中，166 代表"进度条"动态面板的 X 位置，单击时，"白色进度条"在"进度条"动态面板的页面中，所以需要减去差值。

② 添加【设置文本】动作，目标选择"秒"矩形，设置文本为：【值】【[[Math.floor((LVAR1.x+990)/10%60)]]】。其中，【LVAR1】=【元件】【白色进度条】。

③ 添加【设置文本】动作，目标选择"分"矩形，设置文本为：【值】【[[Math.

floor((LVAR1.x+990)/10/60)]]】。其中，【LVAR1】=【元件】【白色进度条】。

Step24：选中"进度条"动态面板，添加交互动作，如图 6-27 所示。

【拖动时】：

① 添加【移动】动作，目标选择"白色进度条"，【移动】为"到达"，【X】设置为"[[Cursor. x-166-990]]"，【Y】设置为"0"。

② 添加【设置文本】动作，目标选择"秒"矩形，设置文本为：【值】【[[Math. floor((LVAR1.x+990)/10%60)]]】。其中，【LVAR1】=【元件】【白色进度条】。

③ 添加【设置文本】动作，目标选择"分"矩形，设置文本为：【值】【[[Math. floor((LVAR1.x+990)/10/60)]]】。其中，【LVAR1】=【元件】【白色进度条】。

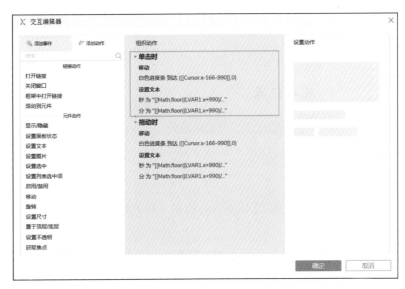

图 6-27

【实例总结】

我们在研究产品的设计和交互时，通过高保真原型可以体验动态的产品效果，但是会增加一定的工作量，所以在实际工作过程中，需要权衡时间成本与产出结果是否成正比。

在本实例中，我们发现：①对于"正在播放"页面，使用唱针来控制播放与暂停效果，仿真了唱片机的真实操作，是不错的体验。②"正在播放"页面的交互，在同类型产品中的体验最好。如果希望查看一首歌曲的歌词，播放与歌词可以使用递进关系，通过单击唱片位置查看歌词内容；如果希望切换歌曲，可以向左向、右滑动来切换，本身手机端滑动的体验就比点击要好，滑动唱片也是在模仿换唱片的操作。③在"朋友"页面中，发布动态的执行操作采用"发送"wording 不准确。

6.2　最美时光

"最美时光"是一款专注于时间记录的软件。它拥有简洁的画面，每

最美时光

一个色彩都对应了一个日期，支持公历和农历两种。日期越近，颜色条越短，所有时间状态尽收眼底，拥有丰富的纪念日分类，日期与颜色也可以自由组合。下面我们将对"最美时光"的产品架构、产品流程、视觉效果、交互效果进行梳理，学习其优点，同时也指出其不足之处。

【实例效果】

（1）如图 6-28 所示，在【页面】窗口中，按照规范进行页面布局。

（2）在"版本记录"中，记录好当前原型版本的版本号、新增 / 修改内容、修改人、提交日期，如图 6-29 所示。

图 6-28

版本记录：

版本号	新增/修改内容	修改人	提交日期
V1.5.0	1. 记录时光。	--	2017-05-23

图 6-29

（3）在"产品框架图"中使用思维导图软件拆解"最美时光"App 的产品框架，如图 6-30 所示。

（4）根据"产品框架图"中的产品梳理"最美时光"的列表页如图 6-31 所示。在进行原型设计时，图标可以在矢量网站中下载，列表由有填充色的矩形加白色文字组合而成。

产品框架图：

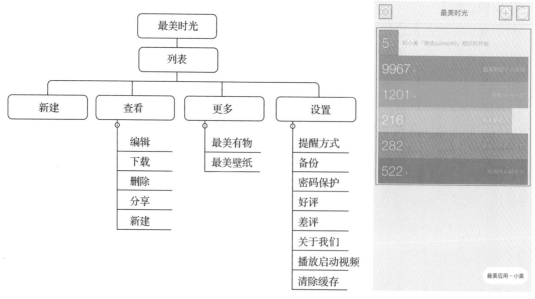

图 6-30
图 6-31

（5）在"新建"功能中首先梳理新建的流程，然后按照新建流程进行新建页面的布局。本实例的新建流程属于较简单的模式，在产品设计过程中，不存在创建失败和异常反馈的情况，所以直接按照流程创建即可创建成功，如图 6-32 所示。

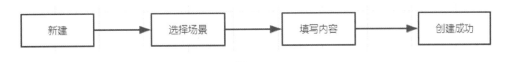

图 6-32

（6）根据新建流程图进行新建流程的原型布局，如图 6-33 所示。

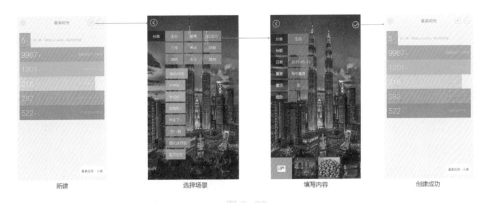

图 6-33

（7）在"选择场景"页面中，单击场景按钮，可在相应场景中填写"分类""标题"等内容。

（8）在"填写内容"页面中，下方的选择背景可以左右滑动，具有左右边界值。单击图片，可以对背景进行变更。

（9）在"查看"功能中，单击页面，当前页面内容逐渐隐藏，操作选项逐条向右滑动显示；再次单击页面，操作选项逐条向左滑动显示，如图 6-34 所示。

图 6-34

【实例准备】

（1）在"demo"页面中，准备自定义名称为"最美时光"的动态面板，其中有"列表""新建""查看""更多""设置"5 种状态，如图 6-35 所示。整个"最美时光"动态面板的尺寸设置为 720 像素 ×1280 像素。

图 6-35

（2）在"最美时光"动态面板的"新建"状态中，放置两个动态面板，分别自定义名称为"新建 – 背景""新建 – 内容"。"新建 – 背景"动态面板置于底层，"新建 – 内容"动态面板置于顶层。

（3）使用两个动态面板的目的：使用"新建 – 背景"动态面板的主要目的是调节当前背景，而"新建 – 内容"动态面板是为了显示的内容。"新建 – 内容""新建 – 背景"两个动态面板可以独立切换状态。

（4）在"新建 – 背景"动态面板中，放置 5 张图片作为背景，便于切换背景图片，如图 6-36 所示。

（5）在"新建"面板中，新增"选择场景"和"填写内容"两个状态。所有的元素都用矩形展示，选取有色彩的填充色，并且在矩形的【填充】中将【不透明】设置为"50"，如图 6-37 所示。

图 6-36

（6）在"填写内容"状态中，最底部放置"设置背景面板"的动态面板，面板尺寸设置为 720 像素 ×170 像素。

（7）在"设置背景面板"的动态面板中放置 6 张小图片，组成组合，自定义名称为"设置背景"，组合的尺寸设置为 1120 像素 ×170 像素。6 张小图片中，第一张为选择图片，后 5 张为"新建 – 背景"动态面板中背景图片的缩略图，如图 6-38 所示。

（8）如图 6-39 所示，在"最美时光"动态面板的"查看"状态中放置一张图片作为背景展示。上层放置自定义名称为"查看 – 内容"的动态面板，其中有"内容展示""操作选项"两种状态。

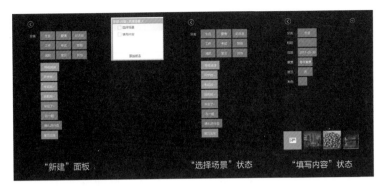

图 6-37

图 6-38

图 6-39

（9）"查看 – 内容"动态面板主要用于内容的切换。其中，"操作选项"状态中，所有内容默认状态下全部隐藏。

（10）"查看 – 内容"动态面板放置在一张图片上，这样可以在切换"查看 – 内容"中的"内容展示"和"操作选项"时，不改变背景。

【操作步骤】

Step1：在【页面】窗口中，展示整个产品的页面布局。在"1. 版本记录"中，展示当前 Axure 文件中所包含的当前产品的版本记录，至少包含以下内容：版本号、版本 / 修改内容、修改人、提交日期，如图 6-40 所示。

图 6-40

Step2：在【页面】窗口中，"2.产品框架图"展示当前产品的架构图，细化到功能点，如图 6-41 所示。

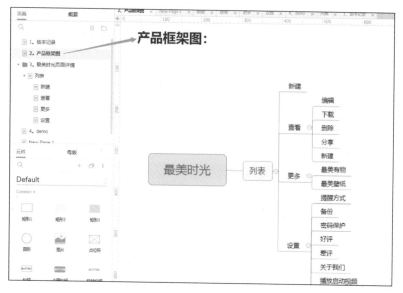

图 6-41

Step3：在"3.最美时光页面详情"文件夹中，会按照产品框架图进行页面布局，所有页面以功能点命名，展示所有静态页面。在"4.demo"中实现所有页面逻辑的交互效果。

Step4：在"列表"页面中展示列表，如图 6-42 所示。

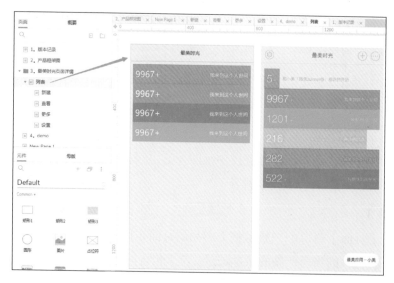

图 6-42

Step5：在"新建"页面中展示内容，如图 6-43 所示。其中，新建一个功能的流程为：首先要明确产品流程图，然后按照产品流程图来进行页面布局。本实例中，新建的产品流程较为简单，大家在进行产品设计过程中，如果有复杂的功能流程，比如页面较多，并且具有判断性质的产品流程，也都需要使用此方法来展示页面之间的逻辑关系。

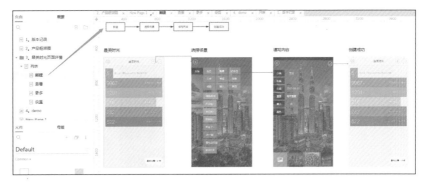

图 6-43

Step6：在"查看"页面中展示"内容展示"和"操作选项"，如图 6-44 所示。

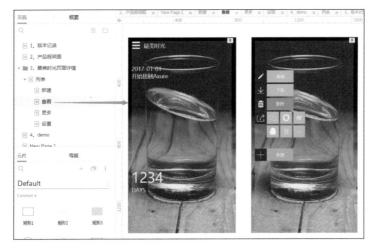

图 6-44

Step7："更多"和"设置"页面中展示的页面内容较为简单，如图 6-45 所示，不作为本实例的重点。

图 6-45

Step8：在"4. demo"页面中，放置"最美时光"动态面板，实现简单的交互效果，如图6-46所示。本实例需要展示的交互效果用性价比最高的方式实现，清晰地表达出产品的思路。

| 最美时光 | 列表 | 新建 | 查看 | 更多 | 设置 |

图6-46

Step9：在"最美时光"动态面板的"列表"状态中增加4个热区，以供单击时产生交互效果，如图6-47所示。

Step10：选中"设置"热区，添加交互动作如下。

【单击时】：添加【设置面板状态】动作，目标选择"最美时光"动态面板，【状态】设置为"设置"，【进入动画】设置为"向左滑动"，【时间】设置为"250ms"，【退出动画】设置为"向左滑动"，【时间】设置为"250ms"。

Step11：选中"新建"热区，添加交互动作如下。

【单击时】：

① 添加【设置面板状态】动作，目标选择"最美时光"动态面板，【状态】设置为"新建"，【进入动画】设置为"向左滑动"，【时间】设置为"250ms"，【退出动画】设置为"向左滑动"，【时间】设置为"250ms"。

② 添加【设置面板状态】动作，目标选择"新建－内容"动态面板，【状态】设置为"分类"。

Step12：选中"更多"热区，添加交互动作如下。

【单击时】：添加【设置面板状态】动作，目标选择"最美时光"动态面板，【状态】设置为"更多"，【进入动画】设置为"向左滑动"，【时间】设置为"250ms"，【退出动画】设置为"向左滑动"，【时间】设置为"250ms"。

Step13：选中"查看"热区，添加交互动作如下。

【单击时】：添加【设置面板状态】动作，目标选择"最美时光"动态面板，【状态】

图6-47

设置为"查看",【进入动画】设置为"向左滑动",【时间】设置为"250ms",【退出动画】设置为"向左滑动",【时间】设置为"250ms"。

Step14：如图 6-48 所示，在"最美时光"动态面板的"新建"状态中，选中"新建－内容"动态面板，在"选择场景"状态中，选中左上角的"返回"按钮，添加交互动作如下。

【单击时】：添加【设置面板状态】动作，目标选择"新建－内容"动态面板，【状态】设置为"选择场景"，【进入动画】设置为"向左滑动"，【时间】

选择场景　　　　　　　　　填写内容

图 6-48

设置为"250ms"，【退出动画】设置为"向左滑动"，【时间】设置为"250ms"。

Step15：图标都为矢量库中下载的 SVG 图片，可以转化为形状，自定义颜色。

Step16：选择"分类"中的矩形按钮，下面以"生日"矩形为例，添加交互动作如下。

【单击时】：

① 添加【设置面板状态】动作，目标选择"新建－内容"动态面板，【状态】设置为"填写内容"。

② 添加【设置文本】动作，目标选择"填写内容"状态中的"分类名称"矩形，设置文本为：【值】设置为【生日】。

Step17：在"填写内容"状态中，选中左上角的"返回"按钮，添加交互动作如下。

【单击时】：添加【设置面板状态】动作，目标选择"最美时光"动态面板，【状态】设置为"列表"，【进入动画】设置为"向左滑动"，【时间】设置为"250ms"，【退出动画】设置为"向左滑动"，【时间】设置为"250ms"。

Step18：选中右上角的"完成"按钮，添加交互动作如下。

【单击时】：添加【设置面板状态】动作，目标选择"最美时光"动态面板，【状态】设置为"列表"，【进入动画】设置为"向左滑动"，【时间】设置为"250ms"，【退出动画】设置为"向左滑动"，【时间】设置为"250ms"。

Step19：选中【分类－生日】，添加交互动作如下。

【单击时】：添加【设置面板状态】动作，目标选择"新建－内容"动态面板，【状态】设置为"选择场景"。

Step20：选中"设置背景面板"动态面板，添加交互动作如下。

【拖动时】：添加【移动】动作，目标选择"设置背景"组合，【移动】为"水平移动"，【边界】为"左侧 >=-400""右侧 <=1120"，如图 6-49 所示。

图 6-49

Step21：在"设置背景"组合中选中图片，以第一张图片为例，添加交互动作如下。

【单击时】：设置面板状态为"新建"动态面板，【状态】设置为"1"。

Step22：如图 6-50 所示，在"最美时光"动态面板的"查看"状态中，选中"查看－内容"动态面板，添加交互动作如下。

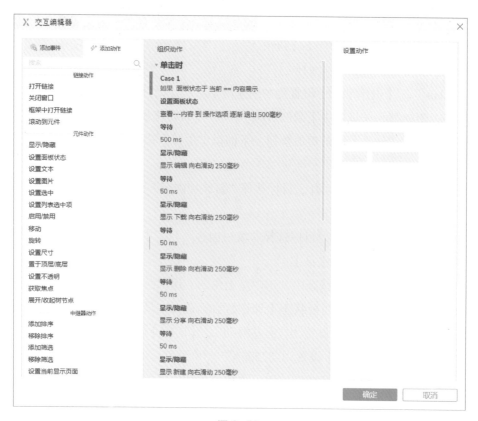

图 6-50

【单击时】Case1：

（1）如果是【内容展示】页面切换到【操作选项】页面。

① 添加条件判断，如果面板状态【当前】==【内容展示】。

② 添加【设置面板状态】动作，目标选择"查看－内容"动态面板，【状态】设置为"操作选项"，【退出动画】设置为"逐渐"，【时间】设置为"500 毫秒"。

③ 添加【等待】动作，【等待时间】设置为"500ms"。

（2）将"编辑""下载""删除""分享""新建"有层次感地从左向右展示出来。

① 添加【显示】动作，目标选择"编辑"组合，【可见性】设置为"显示"，【动画】设置为"向右滑动"，【时间】设置为"250 毫秒"。

② 添加【等待】动作，【等待时间】设置为"50ms"。

③ 添加【显示】动作，目标选择"下载"组合，【可见性】设置为"显示"，【动画】设置为"向右滑动"，【时间】设置为"250 毫秒"。

④ 添加【等待】动作，【等待时间】设置为"50ms"。

⑤ 添加【显示】动作，目标选择"删除"组合，【可见性】设置为"显示"，【动画】设置为"向右滑动"，【时间】设置为"250 毫秒"。

⑥ 添加【等待】动作，【等待时间】设置为"50ms"。

⑦ 添加【显示】动作，目标选择"分享"组合，【可见性】设置为"显示"，【动画】设置为"向右滑动"，【时间】设置为"250 毫秒"。

⑧ 添加【等待】动作，【等待时间】设置为"50ms"。

⑨ 添加【显示】动作，目标选择"新建"组合，【可见性】设置为"显示"，【动画】设置为"向右滑动"，【时间】设置为"250 毫秒"。

Step23：在"最美时光"动态面板的"查看"状态中，选中"查看 – 内容"动态面板，添加交互动作如下。

【单击时】Case2：

① 添加条件判断，如果面板状态【当前】==【内容展示】。

② 添加【隐藏】动作，目标选择"编辑"组合，【可见性】设置为"隐藏"，【动画】设置为"向左滑动"，【时间】设置为"250 毫秒"。

③ 添加【等待】动作，【等待时间】设置为"50ms"。

④ 添加【隐藏】动作，目标选择"下载"组合，【可见性】设置为"隐藏"，【动画】设置为"向左滑动"，【时间】设置为"250 毫秒"。

⑤ 添加【等待】动作，【等待时间】设置为"50ms"。

⑥ 添加【隐藏】动作，目标选择"删除"组合，【可见性】设置为"隐藏"，【动画】设置为"向左滑动"，【时间】设置为"250 毫秒"。

⑦ 添加【等待】动作，【等待时间】设置为"50ms"。

⑧ 添加【隐藏】动作，目标选择"分享"组合，【可见性】设置为"隐藏"，【动画】设置为"向左滑动"，【时间】设置为"250 毫秒"。

⑨ 添加【等待】动作，【等待时间】设置为"50ms"。

⑩ 添加【隐藏】动作，目标选择"新建"组合，【可见性】设置为"隐藏"，【动画】设置为"向左滑动"，【时间】设置为"250 毫秒"。

⑪ 添加【等待】动作，【等待时间】设置为"50ms"。

⑫ 添加【设置面板状态】动作，目标选择"查看 – 内容"动态面板，【状态】设置为"内容显示"，【进入动画】设置为"逐渐"，【时间】设置为"500 毫秒"。

内容展示

操作选项

图 6-51

【实例总结】

"最美时光"是小而美的时间记录软件。简单的交互效果、精美的视觉设计都会使用户产生极佳的体验,如图6-51所示。在研究产品时,通过原型的仿真,可以更深层次地理解产品结构的设计方法。在新建功能的流程中,如果从"填写内容"页面返回"分类选择"页面时,如果误操作单击了左上角的"返回"按钮则返回到"列表页"中,那么这个设计就需要去完善。没有明确的指示,返回到之前的页面,用户已经习惯单击"返回"按钮,这样的设计必然会使用户产生不佳的体验。用户体验上的小瑕疵虽然不影响功能的整体发挥,但是我们要争取把体验做到极致,精雕细琢才会出精品。

6.3 人人都是产品经理

人人都是产品经理是以产品经理、运营人员的工作内容为核心的学习、交流、分享平台,集媒体、教育、招聘、社群为一体,全方位服务产品人和运营人。其成立以来,举办在线讲座 500 多期,线下分享会 300 多场,产品经理大会、运营大会 20 多场,覆盖北、上、广等15 个城市,在行业内有较大的影响力和较高的知名度。该平台聚集了众多知名互联网公司的产品总监和运营总监,他们在这里分享知识、招聘人才。

本实例采用低保真原型的效果进行设计,在设计过程中尽量使用黑、白、灰三种颜色,以及可以表达清楚功能的图标,页面流程使用连接线串联,采用性价比非常高的方法表达清楚了产品思路。

【实例效果】

(1)如图 6-52 所示,在 Axure 的页面框架中进行产品布局,分为版本记录、产品框架图、页面详情和 demo。

(2)如图 6-53 所示,在 Axure【页面】窗口中,"1. 版本记录"中记录了当前产品的版本号、版本 / 修改内容、修改人、提交日期。

(3)如图 6-54 所示,通过"2. 产品框架图"可以清楚地了解产品功能,使用思维导图软件细分到功能。图 6-55 中只展示到了二级页面,还可以继续向下细分。

(4)如图 6-55 所示,原型按照 375 像素 ×667 像素的尺寸进行设计,其中状态栏高 20像素,导航栏高 44 像素,标签栏高 49 像素。

图 6-52

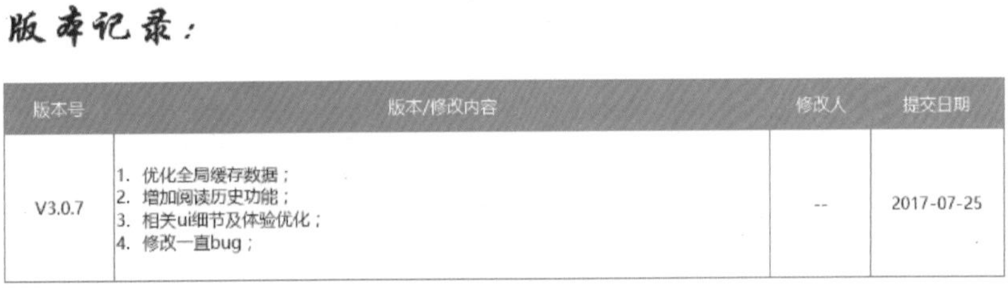

版本记录：

版本号	版本/修改内容	修改人	提交日期
V3.0.7	1. 优化全局缓存数据； 2. 增加阅读历史功能； 3. 相关ui细节及体验优化； 4. 修改一直bug；	--	2017-07-25

图 6-53

产品框架图：

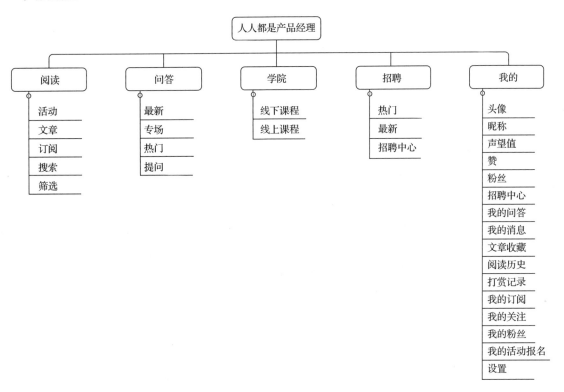

图 6-54

状态栏高20
导航栏高44
标签栏高49

图 6-55

【操作步骤】

Step1: 如图 6-56 所示,在"活动"页面中,展示了活动、活动详情、报名参加的页面流程,流程使用连接线串联,可以清楚表达产品思路和页面之间的关系。

图 6-56

　　在"活动"页面中，"搜索""菜单"等功能入口因为没有文字提醒，所以在设计原型时需要使用能够清楚表达功能的图标，不可使用缺省样式，不然无法理解功能。我们可以在"阿里巴巴矢量库"中下载 SVG 格式的图片作为图标。

　　在"报名参加"页面中，因为页面内容较多，并且是有限长度的必要信息，所以此处我们采用把所有内容全部罗列出来的长图表现形式，以便开发和设计师查看所有内容。

　　如图 6-57 所示，选中"连接线"，可以在【检视】区域中进行样式调节，将起始端设为空心圆形、将终止端设为实心箭头的样式。

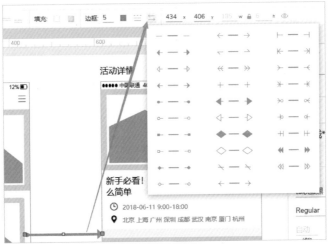

图 6-57

Step2： 图 6-58 描述了"文章"页面的主流程，单击文章可以查看文章详情。

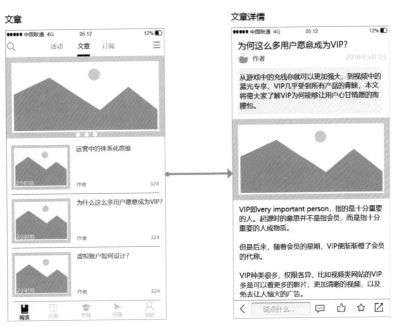

图 6-58

Step3：图 6-59 描述了"3.1.3 订阅"页面的主流程，单击文章可以查看文章详情。阅读版块中细分了"活动""文章""订阅"3 个 tab 标签来对阅读内容进行分类。

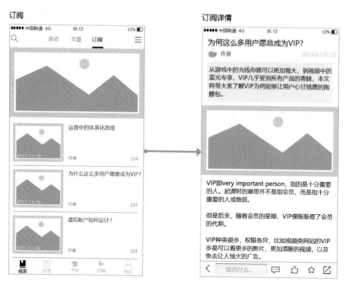

图 6-59

Step4：图 6-60 描述了"搜索"页面的主流程，单击搜索框，弹出搜索历史与热搜词，搜索后跳转到搜索结果。

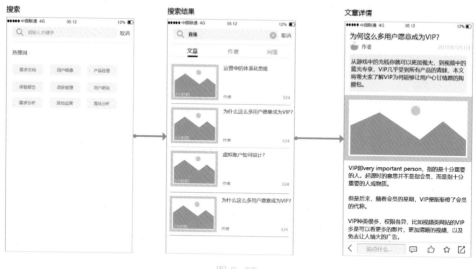

图 6-60

在原型页面中，可以对页面内容进行注释，注释时可以使用连接线、序号等方式，如图 6-61 所示。注释的作用在于，产品经理在评审时或者交付原型效果时，让开发等对接部门清楚了解页面的逻辑。

Step5：图 6-62 描述了"筛选"页面的流程。在"筛选"页面中，展示了筛选内容的分类，进行原型设计时，采用矩形色块加填充色的表现方式。

"文章详情"中展示文章标题、简介、内容、图片、作者、日期，确定布局与摆放顺序。

图 6-61

1. 搜索结果展示"文章、作者、问答"三个tab标签；

2. 文章列表展示：图片、时间、标题、作者、阅读数数据；

3. 文章列表按照：精确匹配、模糊匹配、时间维度进行排序。

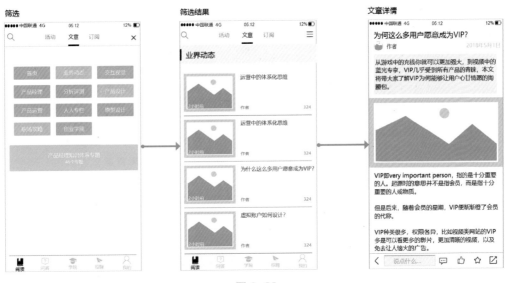

图 6-62

Step6：图 6-63 展示了"最新"版块中的问答内容。

在展示问答内容的阅读量区域，矩形可以做填充颜色处理，如图 6-64 所示。

Step7：图 6-65 展示了"专场"版块中的问答内容。

Step8：图 6-66 展示了"热门"版块中的问答内容。"热门"本身与"最新""专场"级别相同，此处可以并列在标签中的展示入口，不必单独在左上角放置一个"热门"的入口。

Step9：图 6-67 展示了"提问"页面中的内容。

Step10：图 6-68 展示了"线下课程"版块中的课程内容，在原型中需要重点标注"QQ咨询""电话咨询"的表现形式与功能流程。

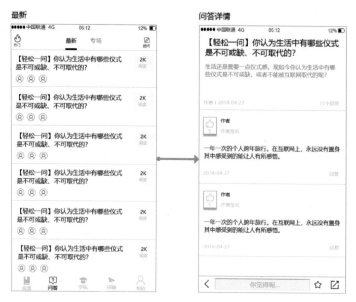

图 6-63

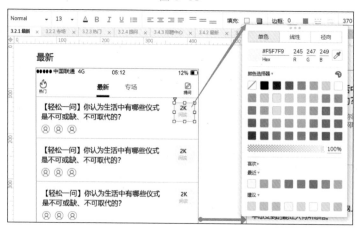

图 6-64

图 6-65

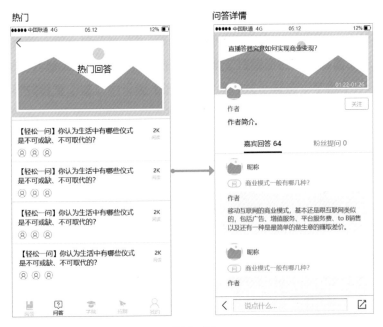

图 6-66

图 6-67   图 6-68

Step11：图 6-69 展示了"线上课程"版块中的课程内容。

Step12：图 6-70 展示了"热门"版块中的招聘信息。

Step13：图 6-71 展示了"最新"版块中的招聘信息。

Step14：图 6-72 展示了"招聘中心"中的信息列表。

Step15：前文图 6-54 中展示了"我的"版块中的信息，使用"图标 + 文字"的形式可以更加清晰地表达出列表内容。

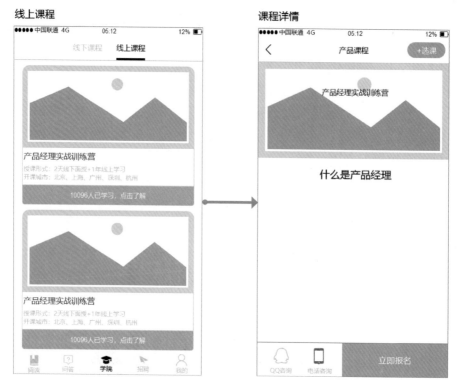

图 6-69

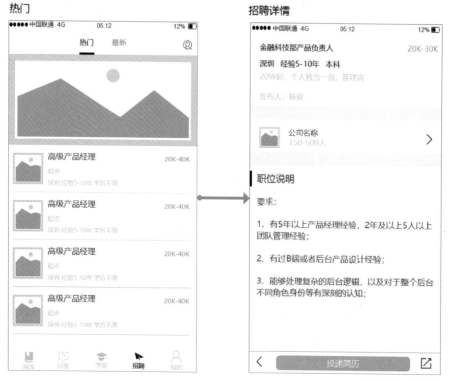

图 6-70

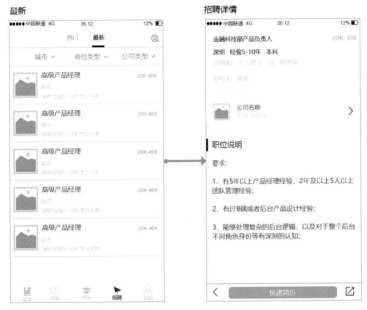

图 6-71　　　　　　　　　　　　　　　　　　图 6-72

【实例总结】

上线一款产品可能容易，但精心打磨一款产品并没有那么简单。好的产品并不仅仅要让用户可用，还需要不断迭代，与时俱进，让用户认为易用、好用。

在设计一款产品的过程中，我们需要不断模仿用户使用场景，在保证产品功能的前提下，使用户产生更好的体验。

6.4　微信公众平台

微信公众平台简称公众号，曾命名为"官号平台""媒体平台""微信公众号"。

利用微信公众平台开展自媒体活动，简单来说就是进行一对多的媒体性行为活动，如商家通过申请微信公众服务号，二次开发展示商家微官网、微会员、微推送、微支付、微活动、微报名、微分享，以及微名片等，已经成为一种主流的线上线下微信互动营销方式。

微信公众平台极具代表性，可提供功能配置、权限设置、数据统计、数据运营等诸多后台服务，功能齐全。

【实例效果】

（1）"版本记录"记录着版本新增与优化信息，如图 6-73 所示。

版本记录：

版本号	版本/修改内容	修改人	提交日期
V1.0	1. 新增小程序管理与展示场景；	--	2017-07-25

图 6-73

（2）"产品框架图"描述了完整的微信公众平台的功能脉络，如图 6-74 所示。

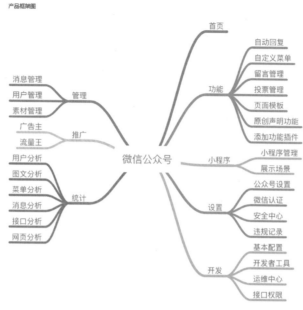

图 6-74

（3）"页面详情"中展示了所有页面的具体内容。

【操作步骤】

Step1："首页"页面如图 6-75 所示。在"首页"页面中，展示账号整体情况、最近编辑、已群发消息等内容。

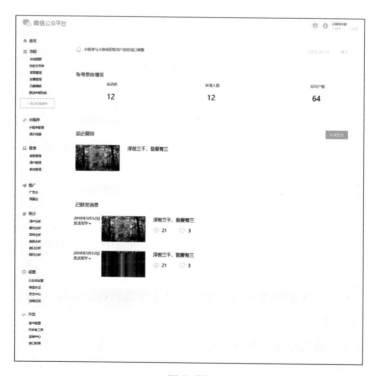

图 6-75

在 Web 端的后台产品设计中，为了提高工作效率，需要把导航栏设置成母版，以便所有页面调用，快速修改。

将导航栏中可单击的功能按钮设置为单选按钮组，以便切换展示效果。

在母版中，为导航按钮设置单击效果，分别跳转到相应的页面中。

Step2： "自动回复"页面如图 6-76 所示。"自动回复"页面中包含"关键词回复""收到消息回复""被关注回复"。

在设计页面时，需要使用"图标 + 文字"的效果展示组件内容。

图 6-76

Step3： "自定义菜单"页面可以自定义订阅号的菜单情况，如图 6-77 所示。

设计高保真的交互效果时，按钮需要有填充色，文字颜色、背景、大小需要高度还原，并且设计要美观。

图 6-77

Step4： "留言管理"页面可以对用户的留言进行操作，如图 6-78 所示。

Step5： "投票管理"页面可以对发起的投票活动进行操作，如图 6-79 所示。其中，在设计原型时，可操作内容可以用蓝色展示。

Step6： "页面模板"页面可为页面中的内容添加模板，如图 6-80 所示。

图 6-78

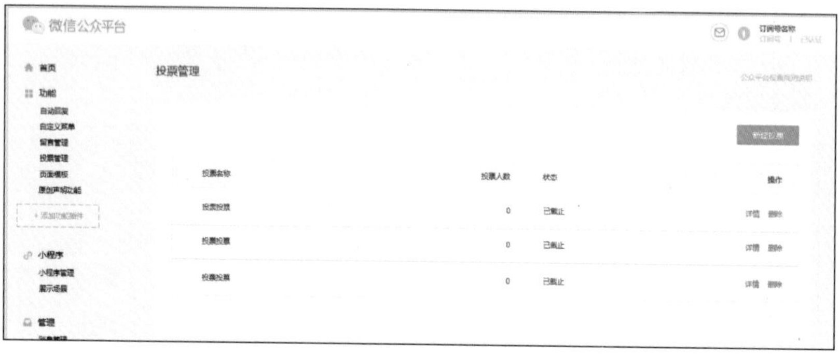

图 6-79

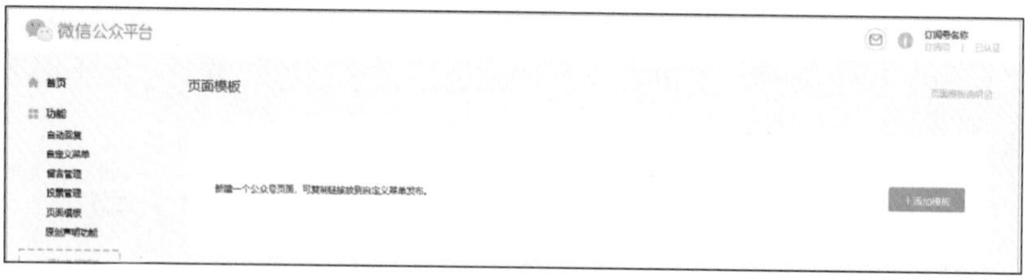

图 6-80

Step7："原创声明功能"页面可以在文章中添加原创标识，如图 6-81 所示。

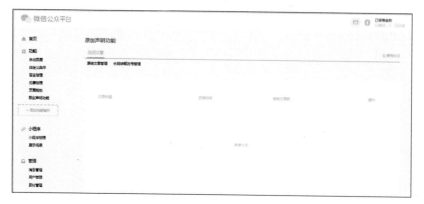

图 6-81

Step8："添加功能插件"页面如图 6-82 所示。功能插件包含卡券功能、留言管理、微信连 Wi-Fi、自定义菜单、摇一摇周边、投票管理、页面模板、原创声明功能、自动回复、微信小店、客服功能、电子发票，以及门店小程序。

图标可以从矢量库中下载，图标需要有背景填充色。

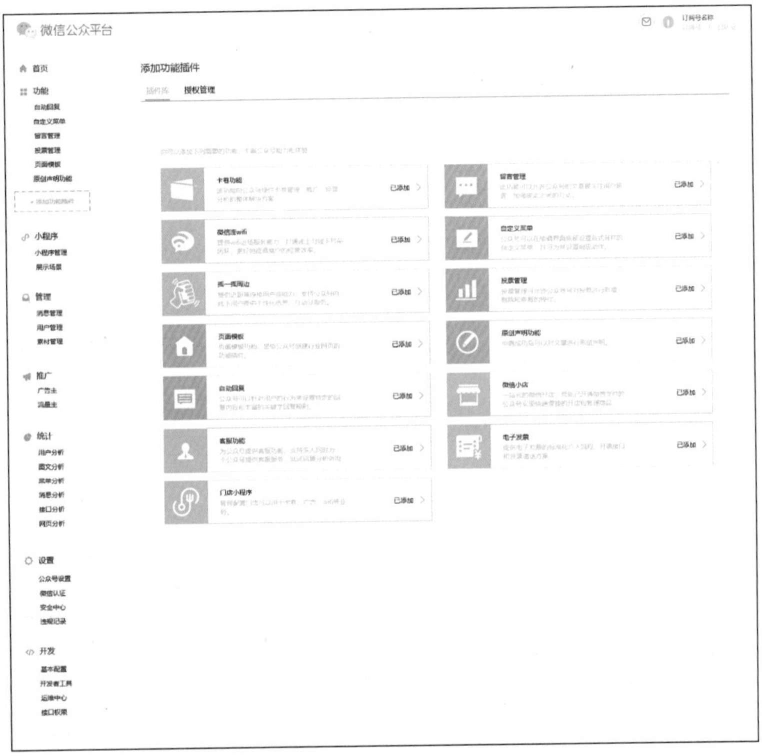

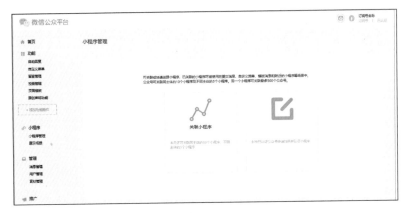

图 6-82

Step9：　"小程序管理"页面可以关联小程序，可与公众号协同使用，如图 6-83 所示。

图 6-83

Step10：　"展示场景"页面可以展示附近的小程序，辅助场景化服务，如图 6-84 所示。

Step11：　"消息管理"页面可以对用户回复的消息进行操作，可以收藏和回复，如图 6-85 所示。

在高保真原型设计中，头像部分也需要使用头像图片进行展示。

Step12：　"用户管理"页面可以对已关注和黑名单中的用户进行操作：添加标签、备注、加星标，如图 6-86 所示。在后台设计中，针对数据的展示，可以多采用表格形式。

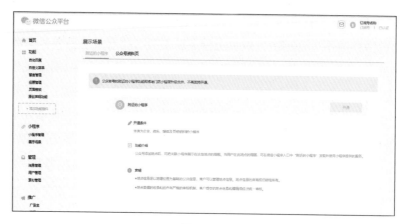

图 6-84

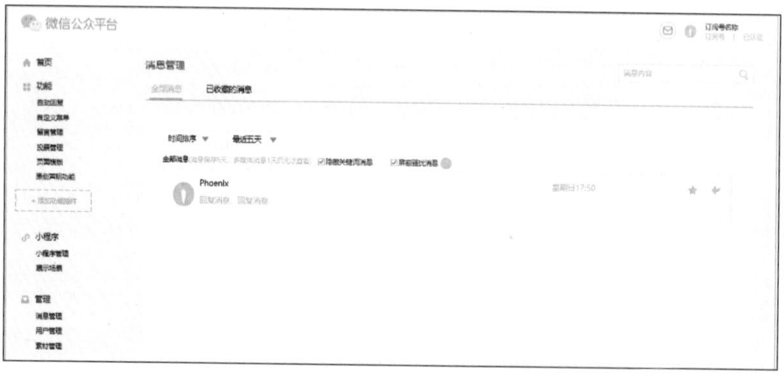

图 6-85

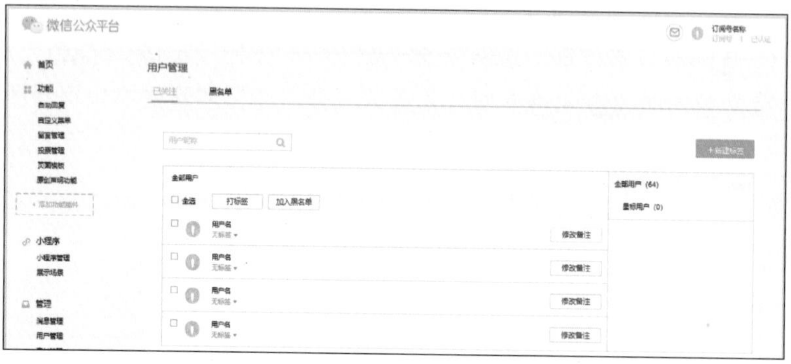

图 6-86

Step13: "素材管理"页面可以通过 tab 标签对图文消息、图片、语音、视频进行筛选，如图 6-87 所示。

页面展示效果可以在卡片视图、列表视图间切换。我们可以对素材进行编辑、删除操作。

Step14: "申请开通广告主"页面可以申请开通"广告主"，在朋友圈和公众号中发布广告信息，如图 6-88 所示。

Step15: "流量主"页面如图 6-89 所示，开通"流量主"后可以在发布广告后获取收入。

Step16: "用户分析"页面可以展示用户的关键指标，如利用趋势图展示趋势，利用表格展示详情，如图 6-90 所示。

我们在后台进行多页面设计时，需要使各个页面中的设计风格保持统一。

微信公众平台这款后台产品中，虽然大体风格保持统一，但在页面细节上还有很多页面独具一格，有改进空间。

图 6-87

图 6-88

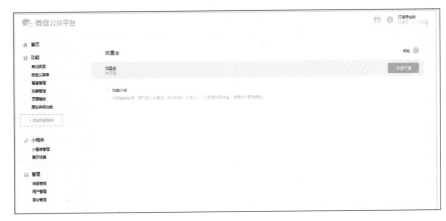

图 6-89

图 6-90

Step17: "统计"页面如图 6-91 所示,可对发送的图文进行数据统计。

图 6-91

Step18: "菜单分析"页面可对公众号中最常用的菜单进行分析和处理,如图 6-92 所示。

在进行页面设计时,也需要注意设计缺省样式。如数据为空的情况下,应该如何展示内容?如何引导用户使用?

Step19: "消息分析"可展示消息数据的分析方式,如图 6-93 所示。

我们可以多学习微信公众平台的页面布局方式,而在数据展示方式、筛选、切换等操作中,可以根据自己的需求灵活配置页面交互方式,寻求体验更好的展示效果。

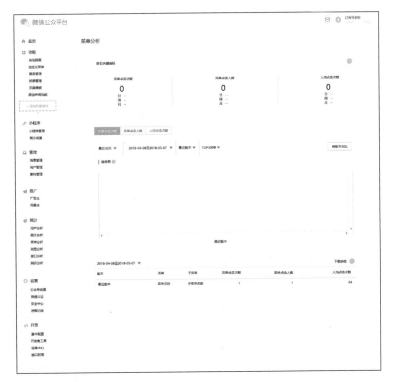

图 6-92

图 6-93

Step20: "接口分析"页面用于展示接口的调用情况,如图 6-94 所示。如果未调用接口,则数据为空。

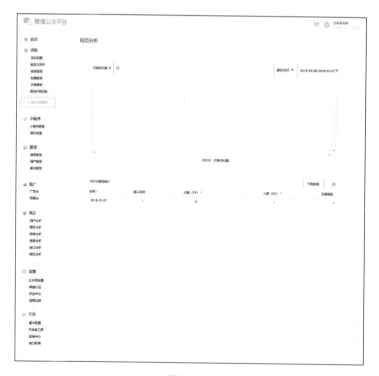

图 6-94

Step21："网页分析"页面用于展示网页数据情况，如图 6-95 所示。

图 6-95

Step22："公众号设置"页面用于对公众号的基础信息进行配置，如图 6-96 所示。

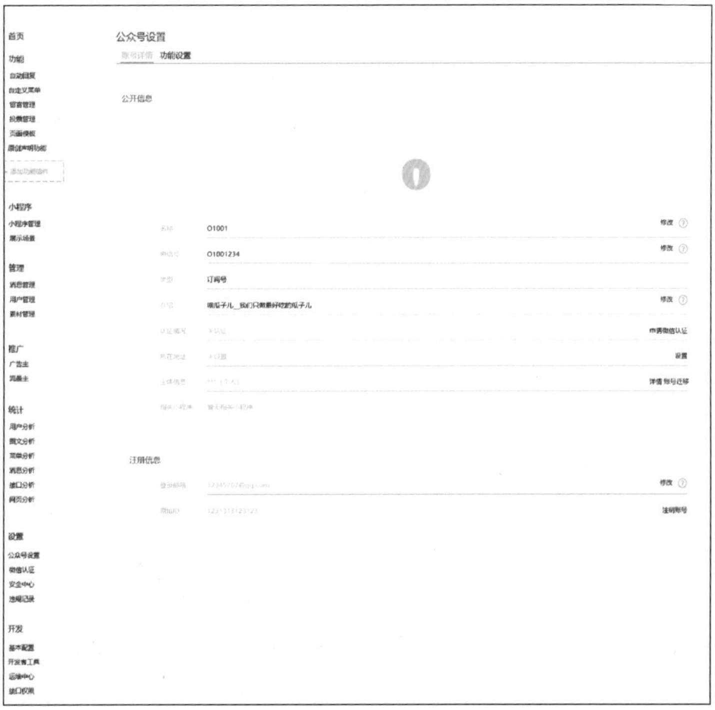

图 6-96

Step23："微信认证"页面用于展示基础数据信息，如图 6-97 所示。

在展示的内容信息较多时，为保持好页面布局，可使用 Axure 自带的分布功能，保持等距间隔。

图 6-97

Step24： "安全中心"页面可对风险操作进行设置，如图 6-98 所示。

图 6-98

Step25： "违规记录"页面可对违规信息进行展示和处理，如图 6-99 所示。

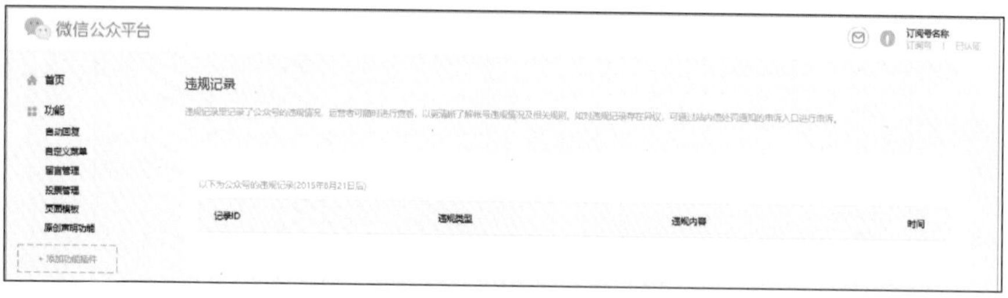

图 6-99

Step26： "基本配置"页面可以对公众号的基础信息进行配置，如图 6-100 所示。需要注意文字大小、颜色的区别，需要提示的地方加入提示信息。

Step27： "开发者工具"页面如图 6-101 所示，包括开发者文档、在线接口调试工具、Web 开发者工具、公众平台测试账号、公众号第三方平台、腾讯云 CDN 加速。

Step28： "运维中心"页面如图 6-102 所示。

Step29： "接口权限"页面用于展示接口列表与信息，可以查看接口的具体详情，如图 6-103 所示。

图 6-100

图 6-101

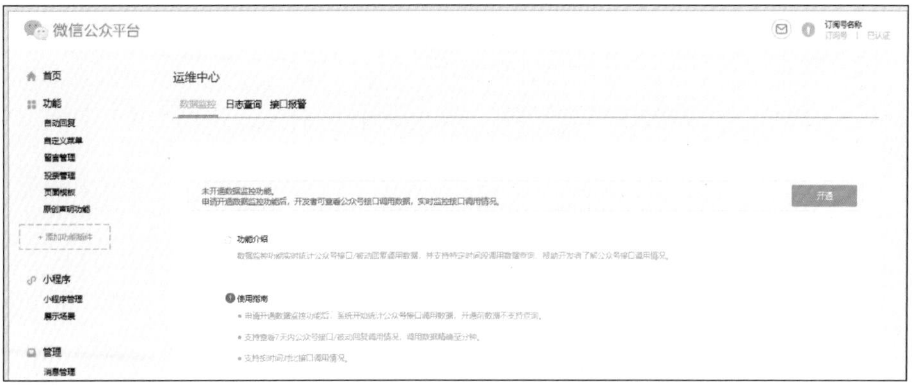

图 6-102

图 6-103

【实例总结】

在 Web 端后台产品设计过程中，设计样式基本已形成标准化框架与组件，直接调用即可。

作为后台的产品经理，要更加注重逻辑的严谨性、业务的理解能力、设计的合理性。在设计过程中，整洁、美观、清晰地把页面内容表达出来，是我们所追求的，会有助于我们把想法落地。

实战练习

自选产品，根据产品架构图布局 Axure 页面，根据产品功能流程使用连接线梳理页面流程关系。

在原型中，需要按照规范，包含版本记录、产品框架图、页面详情、demo 等页面内容，并且要在 demo 中进行高保真的原型设计。